DELIUS KLASING

UWE BAYKOWSKI ANNA-MARIE FRICK

PFLEGE UND INSTANDSETZUNG KLASSISCHER YACHTEN

DELIUS KLASING VERLAG

5.5
GER
17

INHALT

VORWORT

Ein traditionell gebautes Boot aus Holz ist weit mehr als nur ein Vehikel, mit dem es aufs Wasser geht. Es ist eine Lebenseinstellung. Nicht zuletzt, weil der Zauber, den die Zeit an Bord eines Klassikers bedeutet, Opferbereitschaft verlangt. Egal, ob seegehende Yacht, offenes Kielboot, Jolle oder kleines Dinghi, ein Holzboot fordert Aufmerksamkeit und Zuneigung, oder, etwas weniger pathetisch ausgedrückt, Zeit und Geld des Eigners ein.

Niemand weiß das besser als Uwe Baykowski. Der Bootsbaumeister kam Mitte der 1970er-Jahre zum Bootsbau. Als Konfirmand wurde er Miteigner einer geklinkerten Eckernförder Küstenjolle, Baujahr 1923. Der Rumpf aus Eiche hatte damals schon ein halbes Jahrhundert im Kielwasser und war stark reparaturbedürftig. Unter Segeln war ein Mitsegler an der Lenzpumpe im Dauereinsatz.

Der Wunsch, die heimatliche Schlei verlassen zu können, das Verlangen danach, zu segeln, war schließlich die Motivation für den 16-Jährigen, das Bootsbauhandwerk zu erlernen.

Mit diesem Buch richtet sich Uwe Baykowski, 50 Berufsjahre später, an all jene, die vom gleichen Wunsch getrieben sind. Jene, die die alten, lecken Boote von einst, vielfach liebevoll restaurierte Klassiker, als Eigner Winter für Winter unter Einsatz von Freizeit, Schweiß und Erspartem erhalten, um im Sommer wieder das Plätschern an der Bordwand zu hören und den Druck des Windes an Pinne und Schot spüren zu können – in der Nase den Geruch von frischem Lack und geölter Bilge.

Baykowski stellt ihnen auf den kommenden Seiten all sein Wissen zur Verfügung, das er als Holzbootsbauer gesammelt hat. Der Bau der Kieler Hansekogge, die Leitung der Werft des Kieler Yacht-Clubs in Strande sind dabei nur einige der Stationen, die er – heute tätig als »Sachverständiger für die Bewertung und Schäden an hölzernen Sportbooten, insbesondere klassischen Yachten« durchlaufen hat.

Nach seiner ungebrochenen Motivation zur Arbeit mit klassischen Yachten gefragt, antwortet der Autor heute noch, dass es ihm immer vor allem ums Segeln gehe. Diese Nähe zur Praxis zeichnet seinen Ratgeber für alle bekennenden Holzwürmer aus.

Lasse Johannsen

Chefredakteur und Herausgeber von *YachtClassic*

Lasse Johannsen (links) und Uwe Baykowski (rechts) an Bord der perfekt restaurierten 5.5mR-Yacht SÜNNSCHIEN

Faber + Münker

1. BEFUNDUNG UND ZUSTANDSFESTSTELLUNG

1.1 BEFUNDUNG

Wie bei einer jeden menschlichen Begegnung zählt auch bei einer klassischen Yacht zunächst der erste Eindruck. Wer den strukturellen Zustand einer klassischen Yacht, ihren wahren Charakter, ergründen möchte, darf sich nicht von in der Sonne glänzenden Lackoberflächen und Beschlägen blenden lassen, sondern muss sich auch in die Tiefen der Bilge wagen.

Einen ersten Eindruck vom Pflegezustand vermittelt das Klima unter Deck:

- Riecht es muffig oder gar schimmelig?
- Verursacht die Luft Kopfschmerzen oder Hustenreiz?

Mag man sich unter Deck aufhalten, ist der erste Aufenthalt unter Deck also nicht unangenehm, kann eine nähere Untersuchung vorgenommen werden.

Für eine umfassende Befundung sollte das Boot an Land stehen. Begonnen wird mit einer Sichtprüfung ...

- der Außenhaut des Rumpfes, d. h. des Freibordes und des Unterwasserschiffes
- Auch die Anbindung des Ballastes an den Kielbalken bzw. das Totholz sollte genauer untersucht werden
- Sitzen die Plankenenden und Kielplanken fest in den Sponungen?
- Treten Verpfropfungen der Schrauben hervor?
- Sind Rissbildungen im Lack/Antifouling erkennbar?
- Weisen die Plankenenden Fäulnismerkmale auf?
- Ist die Oberfläche gleichmäßig oder zeigt sie starke Unebenheiten?
- Sind die Plankennähte eng geschlossen oder sichtbar geöffnet?

Werkzeuge zur Befundung

Hier ist der schlechte Pflegezustand auf den ersten Blick zu erkennen

Geöffnete Plankennähte einer naturlackierten Außenhaut

Geöffnete Plankennähte

Klopftest

Freilegen des rohen Holzes mittels eines Kratzers (»Schrabbers«)

Auf die Sichtprüfung folgt der sogenannte »Klopftest«

- Mit einem Kunststoffhammer werden Planken und Kiel abgeklopft, um den Sitz der Planken und das Holz auf Fäulnis zu überprüfen. *Wichtig: Die Bewegung sollte »locker« aus dem Handgelenk erfolgen.*

Gesundes Holz bei festem Sitz erzeugt einen harten, hellen Klang (»sound«). Bei schadhaftem, weichem Holz ertönt ein dumpfer, bei losen Verbindungen regelrecht »klappernder«, Klang.

- Ist eine Stelle aufgrund von Rissen oder eines dumpfen Klanges verdächtig, muss das Holz zur näheren Beurteilung mit einem Kratzer oder einer Flex an der entsprechenden Stelle vorsichtig freigelegt werden. Ist das Holz hier merklich feucht oder weich, liegt Fäulnis vor. Eine »Stichprobe« mit einem Messer kann Aufschluss über den Zustand des Holzes geben.
- Das Verfahren von Sichtprüfung, »Klopftest« und »Stichprobe« wird unter Deck an Kiel, Planken und Spanten/Bodenwrangen wiederholt, um die einzelnen Bauteile auf Fäulnis und Festigkeit der Verbände zu überprüfen.

Eine detaillierte Beschreibung der einzelnen Bauteile und deren Schwachstellen folgt im *Kap. 2, Bauteile einer klassischen hölzernen Yacht, S. 26 ff.*

»Stichprobe« am Mastfuß

»Stichprobe« in der Beplankung

Prüfung des Kielbalkens

Hier ist eine Komplettrestaurierung erforderlich

Trockenfäule im Kielbalken

Trockenfäule an einem Folkebootmast

1.2 SCHADENBILDER AN HÖLZERNEN BAUTEILEN

Die häufigsten Schäden an klassischen Yachten werden durch »Trockenfäule« verursacht.

Trockenfäule ist

- ein ganz natürlicher Zerfallsprozess, hervorgerufen durch Braunfäule, der von Pilzen verursacht wird, die von der Zellulose der Holzfasern leben. Abgesehen vom Verlust an Festigkeit [...] bewirkt Trockenfäule, dass sich das Holz verfärbt, schrumpft und dass sich Risse quer zur Faserrichtung ausbilden. Trockenfäule ist eigentlich ein Ausdruck, der zu Fehlschlüssen führt, denn das Holz muss feucht sein, damit sie sich entwickeln kann.*

Genau genommen müssen folgende Bedingungen erfüllt sein, damit Trockenfäule auftreten kann:

- Nahrung – ausreichendes Angebot an Holzfasern
- Feuchtigkeit – der Sättigungspunkt der Fasern muss in etwa erreicht sein (mehr als 20 %)
- Sauerstoff
- Wärme: 24 °C bis 30 °C sind ideal für das Entstehen, aber die Pilze können auch schon bei 10 °C aktiv werden.

Gerade die vielen Verbindungen in einem Holzboot sind der ideale Nährboden für Trockenfäule.

* *Holzboote – Reparieren und Restaurieren. Eine Anleitung, um bei Holzbooten mit Hilfe von West-System Epoxidharzen die tragenden Verbände wiederherzustellen, das Aussehen zu verbessern, den Pflegeaufwand zu verringern und das Leben des Bootes insgesamt zu verlängern.* Nach: Gougeon Brothers: Wooden Boat Restoration & Repair 1991. Dt. Übers. von Dipl.-Ing. Fritz Hartz, S. 4.

Insbesondere bei Nadelhölzern, zum Beispiel bei Masten, kann Trockenfäule jedoch auch von innen her – etwa an fehlerhaften Verschraubungen – entstehen und ist von außen angesichts einer intakten lackierten Oberfläche nur schwer festzustellen.

Trockenfäule kann bis zur sogenannten »Verzunderung« des Holzes fortschreiten, bei der würfelbruchartige Risse quer zur Faser entstehen und die zu einem Verlust jeglicher Festigkeit führt.

Weitere typische Schadenbilder an hölzernen Bauteilen:

- Gebrochene Spanten
- Gebrochene Bodenwrangen
- Fäulnis an Hirnholzkanten (z. B. Plankenenden, Spantfüßen, Aufbauecken ...)
- Offene Plankennähte
- Lose Verbände bzw. offene Laschverbindungen
- Leckagen an Aufbauten und Decks
- Leckagen und Fäulnis unter Beschlägen
- Geöffnete Leimnähte

Trockenfäule an einem Balkweger

Verfaulte Bodenwrange

Gebrochener Spant

Gebrochene Bodenwrange

Geöffnete Stevenlasche

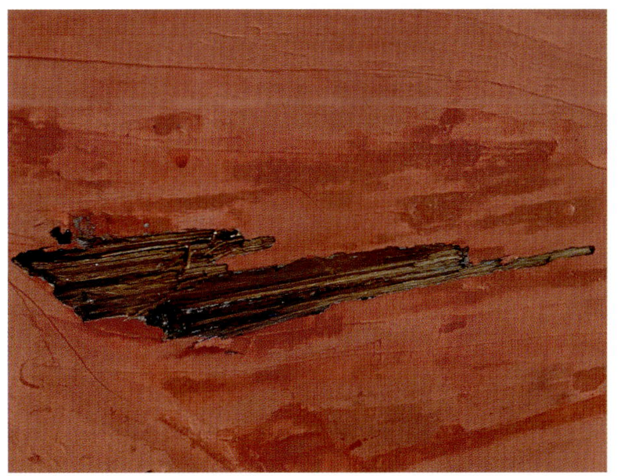

Fäulnis am Hirnholz an einem Plankenende

Geöffnete Plankennähte

1.3 KORROSION AN HÖLZERNEN YACHTEN

Ein großes Problem auf hölzernen Yachten stellt die Korrosion metallischer Werkstoffe dar. Die Korrosionsvorgänge finden als Reaktionen an der Grenzfläche zwischen den Metalloberflächen und ihrer Umgebung statt. In den meisten Fällen ist an Bord von Yachten zusätzlich ein Korrosionsmedium aus flüssigen Elektrolyten (feuchte, ggf. salzhaltige Atmosphäre oder unmittelbar Seewasser) vorhanden. Das ruft elektrochemische Reaktionen hervor und wirkt stark korrosionsfördernd.

Die durch den Korrosionsprozess verursachten Schadensbilder können vielfältig sein, von (un-)gleichmäßigem Materialabtrag bis hin zu einer selektiven Eigenschaftsveränderung des Werkstoffs. Konstruktive Gegebenheiten wie beispielsweise bei Kompositbauten (Bezeichnung für Schiffs- oder Bootsrümpfe aus mehreren Materialien; hier: Holzbeplankung auf verzinkten Stahlspanten, vgl. *Kap. 2.3, Querverbände, Spanten und Bodenwrangen, S. 64 ff,* erfordern aufgrund der korrosionsgefährdeten inneren Stahlverbände besondere Aufmerksamkeit. Hinzu kommt, dass insbesondere an klassischen Yachten in der Regel mehrere verschiedenartige Metalle am Rumpf verbaut und untereinander verbunden sind (z. B. Bronze-Propeller auf Edelstahl-Welle). Die können unmittelbar galvanische Elemente mit den möglichen Folgen einer Kontaktkorrosion (s. u.) bilden.

Im Folgenden soll das Augenmerk auf den stark korrosionsgefährdeten Bauteilen liegen, die damals aus üblich niedrig legierten, nicht rostfreien Stählen (Eisen) hergestellt wurden.

Stark fortgeschrittene Korrosion

KORROSION AN STÄHLERNEN VERBÄNDEN, SCHRAUBEN, BOLZEN UND NIETEN

Bei schlechter Pflege und ungenügender Konservierung rosten im feuchten Seewassermilleu die stählernen Spanten und Bodenwrangen klassischer Yachten mit ihren Verbindungsbolzen unaufhaltsam. Auch eine Verzinkung hat hier nur eine begrenzte Lebensdauer.

Je nach Fortschreiten des Korrosionsprozesses ist die von der Stahloberfläche ausgehende chemische Zerstörung bei den damals verbauten nicht rostfreien Stählen mit einer Volumenzunahme (ca. Faktor 2) verbunden, bei der sich die äußeren Schichten ablösen und »blätterteigartig« aufblähen. Die äußeren Schichten des Metalls werden porös und bilden keine Trennschicht zum umgebenen Medium mehr, sodass der Zustand korrosionsaktiv bleibt. In manchen Fällen können sogar Kielplanken in Folge der Volumenzunahme korrodierter Stahlbodenwrangen aus der Sponung gedrückt werden.

Korrosion metallischer Verbindungen, erkennbar an »Rostnasen« an der Außenhaut

Bei genauerem Hinsehen erkennbar: aus der Außenhaut heraustretende Pfropfen

Korrodiertes Püttingeisen

Von außen sind Anzeichen von Korrosion an einem Holzrumpf durch heraustretende Pfropfen der Planken-Spant-Verbindungen oder an rostbraunen »Lecknasen«, die aus den Plankennähten oder zwischen dem Ballast und dem Eichenkiel austreten, zu erkennen.

Stellen nicht korrosionsbeständige Stahlbolzen oder -schrauben die Planken-Spant-Verbindung her, sollte man versuchen, diese durch Bronzeschrauben oder Schrauben aus rostfreiem Stahl zu ersetzen.

Allgemein gilt: Alle Bauteile aus permanent korrosionsaktiven Metallen (z. B. Eisen) entfernen!

Von innen ist die Korrosion in der Regel noch offensichtlicher: Durchgerostete Spanten oder Bodenwrangen sind gut zu identifizieren.

Schwieriger hingegen sind Kielbolzen oder Bodenwrangenbolzen zu beurteilen, die in ihrer gesamten Länge unsichtbar in den hölzernen Verbänden verschwinden, die in den meisten Fällen aus Eichenholz bestehen.

Korrosion an den metallischen Verbindungen eines Horizontalknies

Korrodiertes Laschblech

Korrodierte Bodenwrangenbolzen

Fortgeschrittenes Stadium von nail sickness

Eichenholz enthält Gerbsäure, die aggressiv mit dem Metall reagiert und langfristig auch die Verzinkung angreift, sodass ein Bolzen – nicht selten unbemerkt – insbesondere im Bereich des Kielbalkens durch Korrosion unter Umständen bis zu einer dünnen Nadel zerfressen wird. Das hierbei entstehende Eisenoxid greift nun wiederum das Holz im Bereich der Lochwandung an und schädigt es. Es kommt zu schwarzen Verfärbungen und die Struktur des Holzes löst sich auf, was auch als nail sickness bezeichnet wird.

Nail sickness an der Kontaktfläche zwischen Eisenspant und hölzerner Planke

Fortgeschrittenes Stadium von nail sickness

Korrodierte Verschraubung an der Stevensponung

Sollen die Kielbolzen auf ihren Zustand geprüft werden, ist es möglich, zwei oder drei Bolzen zu ziehen, um Rückschlüsse auf den Zustand der übrigen Bolzen ziehen zu können (*s. Kap. 2.1.3, Beurteilen und Ziehen von Kielbolzen, S. 33*). Diese Methode ist nicht immer ganz einfach, da die Bolzen unter Umständen im Ballast und Kielbalken regelrecht »festgewachsen« sind.

Korrodierter Kielbolzen

Eine weitere Methode zur Befundung der Bolzen ist das Röntgen. Hier werden die äußeren Konturen der Bolzen durch das umgebende Holz hindurch sichtbar gemacht, sodass sich der Zustand der Bolzen erkennen lässt. Dieser Prüfdienst wird unter anderem von der Firma WPT-Nord bei Kiel angeboten. Die Kosten für eine Prüfung der Kielbolzen für eine 7 KR-Yacht beispielsweise liegen bei ca. 900–1.000 Euro (Stand 2022).

Korrosion an einer Kielbolzen-Mutter bis zur Auflösung

Das Prüfen der (oft unterbewerteten) Bodenwrangenbolzen indes gestaltet sich schwieriger. Sie verbinden die Bodenwrangen mit dem Kielbalken und sind nur zu ziehen, wenn der Ballast abgebaut ist. Auch hier bietet sich eine Röntgenuntersuchung an.

Röntgenbild eines Kielbolzens

Fragmente korrodierter Bolzen

Korrodierte Stahlbodenwrangen

Durch Korrosion verursachte Fäulnis im Kielbalken

Bei Kompositbauten, meist mit Mahagoni beplankt, sind auch die Eisenbolzen der Planken-Spant-Verbindungen gefährdet. Oftmals sind nur noch Fragmente von Bolzen übrig und das Holz um die Lochwandung herum ist bis zur Verzunderung (fortgeschrittenes Stadium der Fäulnis) zerstört. Das Einsetzen dieses Korrosionsprozesses lässt sich an heraustretenden Pfropfen oder Rostaustritten zwischen den Plankennähten erkennen.

Eine weitere Schwachstelle von Kompositbauten ergibt sich aus den unterschiedlichen Kondensationswerten von Metall und Holz. An den Stahlspanten mit der niedrigeren Artwärme kondensiert Feuchtigkeit, schlägt sich am Metall nieder und kriecht somit auch hinter die Spanten, wo es zu Fäulnis an der Innenseite der Beplankung führen kann.

In den unzugänglichen Tiefen der Bilge können auch die Stahlbodenwrangen und Spantansätze vollständig durchgerostet sein. Hier müssen dann Teilstücke ausgeschnitten und neue Stücke eingeschweißt werden. Derlei Maßnahmen können bis zu einer Komplettsanierung des Unterwasserschiffes führen, wie sie an der 12 mR-Yacht ANITA oder an der SPHINX (ehemals OSTWIND) durchgeführt worden ist. Um die durchgerosteten Spanten und Bodenwrangen teilweise erneuern zu können, wurden zusätzlich die bereits in Mitleidenschaft gezogenen unteren Planken entfernt. In diesem Zuge wurde im Falle von ANITA ebenfalls der Kielbalken erneuert, dessen Eichenholz um die verzinkten Kielbolzen herum verrottet war.

BESONDERHEIT GUSSEISEN (BALLAST)

Aufgrund seines vergleichsweise hohen Kohlenstoffgehalts ist Gusseisen gießfähig und enthält reine Graphit-Einlagerungen. Die können durch eindringendes Seewasser in Poren/Lunkern selektive Korrosion hervorrufen. Die eisenreichen Phasen des Gusseisens bilden zusammen mit dem Graphit Korrosionselemente (Spongiose). Das Produkt dieser Form von Korrosion ist der »poröse Eisenschwamm«. Das Gusseisen verliert im Laufe dieses lang andauernden Korrosionsprozesses seine Festigkeitseigenschaften, es entsteht eine dunkelgraue, schneidbare Masse.

Lochfraßkorrosion an einem Edelstahlbolzen

BESONDERHEIT MESSING

Bei Messing, einer Legierung aus Kupfer und Zink, kann es zu einer sogenannten »Entzinkung« kommen, welche sich spätestens dann deutlich zeigt, wenn beim Ansetzen des Schraubendrehers der Kopf einer Messingschraube sofort zerspringt. Die Entzinkung beruht auf einem selektiven Korrosionsvorgang des Messings als oxidationsbedingte Alterserscheinung, die von der unmittelbaren Kontaktkorrosion (s. u.) zu unterscheiden ist.

BESONDERHEIT ROSTFREIER STAHL

Selbst bei rostfreien Stählen können unter ungünstigen Bedingungen Korrosionserscheinungen auftreten. Korrosionsbeständige Stähle enthalten als passivierendes Legierungselement Chrom. Hier ist entscheidend, dass die Bedingungen, unter denen die Passivschichten beständig sind, erhalten bleiben. Insbesondere in der konstruktiven Ausführung auf klassischen Yachten in Verbindung mit Holz (vor allem mit säurehaltigem Eichenholz) wird die passivierende Schicht des rostfreien Stahls beschädigt und es kommt zu Lochfraßkorrosion. Die Abbildung auf der linken Seite zeigt ein typisches Schadenbild eines rostfreien Stahl-Kielbolzens nach langem Kontakt mit feuchtem Eichenholz.

Weiterhin können insbesondere bei älteren rostfreien Stählen der früheren Produktionstechnologie durch Wärmeeinfluss (Schweißvorgänge) chromverarmte Zonen an den Korngrenzen des Gefüges auftreten. Hier besteht die Möglichkeit eines Korrosionsangriffs (interkristalline Korrosion). Unter Belastung können diese Bereiche (z. B. bei alten geschweißten Wantenspannern) versagen, ohne dass dies von außen vorhersehbar ist.

Im Handel ist Edelstahl unterschiedlicher Güte erhältlich, dessen Qualität durch weltweite Importe immer weniger einschätzbar wird. Allgemein bekannt ist den meisten Yachteignern die Unterscheidung zwischen V4A und V2A, was jedoch keine offizielle Handelsbezeichnung ist. Als wirklich seewasserbeständiger Edelstahl gilt Stahl mit der Handelsbezeichnung 1.45 71 oder DIN EN ISO 3651-2.

Er lässt sich nicht nur für Kielbolzen, Spanten und Bodenwrangen, sondern auch für Tankanlagen und Schrauben verwenden.

VORBEUGENDE MASSNAHMEN AN BORD

Um Korrosion so weit wie möglich vorzubeugen, ist es vorteilhaft, ein trockenes Klima im Bootsinneren zu schaffen. Das Boot sollte aus diesem Grund stets gut durchlüftet sein: Während des Sommerbetriebes, wenn das Boot unbewegt am Steg liegt, werden Bodenbretter aufgenommen, um auch den Bilgebereich zu durchlüften.

Der Zustand der verzinkten Eisenteile hängt weitgehend von der Pflege ab. Ein Beispiel stellt der Vergleich zwischen den A&R-Bauten SPHINX (12 mR-Yacht, ehemals OSTWIND) und FLAMINGO (100er-Seefahrtkreuzer) dar. Beide wurden 1936 gebaut und kamen nach dem Zweiten Weltkrieg in militärische Pflege. Während SPHINX (OSTWIND) von der Marineschule in Flensburg Mürwik übernommen wurde, geriet FLAMINGO als »Fallobst« (windfall) in die Hände des British Kiel Yacht-Club. SPHINX musste Ende der 1990er-Jahre außer Dienst gestellt werden, da der Zustand des Unterwasserschiffes mit der Beplankung und den Eisenspanten in den Tiefen der Bilge einen weiteren Einsatz der Yacht aus Sicherheitsgründen nicht mehr zuließ. Hier sind keine wirksamen Maßnahmen zur Korrosionsverhütung eingeleitet worden. Die traditionsbewussten Briten hingegen haben den Bilgebereich nachhaltig mit »Boiled Linseed Oil« (gekochtem Leinöl) mit großem Erfolg behandelt. Spanten, Bodenwrangen und Beplankung befinden sich auch im Bilgebereich strukturell nach wie vor in einem akzeptablen Zustand.

BESCHICHTUNGEN

Neben einer guten Belüftung ist die Beschichtung der Stahlteile von entscheidender Bedeutung. Ziel einer korrosionshemmenden Beschichtung ist es, eine möglichst dichte Trennschicht zwischen dem Metall und der Umgebung herzustellen – gewissermaßen die Metalloberfläche in einen korrosionspassiven Zustand zu versetzten.

Die Anzahl der auf dem Markt erhältlichen Beschichtungssystemen ist groß. Wie auch bei Naturlackierungen auf Holz zählt hier vor allem die Schichtstärke. Bei nicht ausreichender Schichtstärke dringt der Rost nach kurzer Zeit wieder durch die Beschichtung und kann gegebenenfalls deren Anhaftung beeinträchtigen. Die Gefahr einer wieder auftretenden Korrosion bleibt allerdings grundsätzlich vorhanden, da eine vollständige Trennung zur Umgebung unabhängig vom System kaum zu erreichen ist.

VORBEREITENDE MASSNAHMEN (ENTROSTEN)

Die Bedingung für eine korrosionshemmende Beschichtung ist eine vorherige sorgfältige Entrostung. Um das Metall für die Beschichtung vorzubereiten, stellt eine Entrostung durch Sandstrahlen, bei der keine Korrosionsrückstände auf dem Metall verbleiben, das Optimum dar. Für diese Maßnahme müsste die Yacht jedoch vollständig entkernt werden, was nur bei Komplettsanierungen sinnvoll ist. Anstelle von Sandstrahlen sind mit einer Hand-Stahlbürste, einer Zopfbürste auf der Flex oder Fächerschleifern bzw. einer Flex mit Schleifscheiben (24er-Korn) die Spanten, Bodenwrangen, Diagonalbänder oder Vertikalknie im Schiff – wenn auch mühsam, aber doch befriedigend – zu entrosten.

Nach der Entrostung der Stahlteile sollte die Beschichtung unverzüglich aufgebracht werden.

BESCHICHTUNGSSYSTEME

Grundsätzlich ist zwischen drei Arten von gängigen Beschichtungssystemen zu unterscheiden:

Kaltverzinkung
ZN 95 ist eine Kaltverzinkung mit einem Anteil von 95 % Zink – ein sehr bewährtes Produkt, das mit zunehmender Schichtstärke umso resistenter gegen Rost wirkt.

Epoxidharzbeschichtungen
Hier gibt es zahlreiche wirksame Produkte wie z. B. Interprotect oder VC-Tar.

Öle
Owatrol-Öl bietet einen guten Rostschutz und hat den Vorteil, dass es zusätzlich in das angrenzende Holz einzieht und dieses mit konserviert.

Rostumwandler (z. B. Fertan, Brunox)
Sie haben den Vorteil, dass die Eisen/Stahl-Oberflächen vor dem Auftragen nicht vollständig entrostet sein müssen.
Der Rost wird chemisch umgewandelt und bietet einen Untergrund für folgende Anstriche.

Bleimennige

Jahrzehntelang hat sich die »gute alte« Bleimennige als Rostschutzmittel bewährt. Sie ist allerdings aufgrund ihrer gesundheitsgefährdenden Wirkung nahezu nicht mehr zu beziehen und ist in Deutschland als Rostschutz seit 2012 nicht mehr zulässig. Stattdessen sind Ersatzprodukte (Kunstharzbleimennige) erhältlich.

BESONDERHEITEN DES GUSSEISEN-BALLASTES

Einen Gusseisen-Ballast von Hand zu entrosten ist nicht nur ein aufwendiges, sondern auch wenig erfolgsversprechendes Unternehmen. Die Oberfläche (und das Innere) des Gusseisens ist durchzogen von Poren und Lunkern, in denen Verunreinigungen sitzen, die auch nach dem Abbürsten oder Schleifen immer wieder an die Oberfläche drängen und die Beschichtung durchbrechen. Die Qualität gusseiserner Ballaste schwankt erfahrungsgemäß stark. Häufig bestehen sie aus einer Mischung einer »Altmetallwiederverwertung« früherer Jahre.

Die Beschichtung kann nicht gänzlich in diese Lunker eindringen. Unter diesen Umständen bleibt die Sanierung des Ballastes nur eine Behelfslösung, mit der sich die meisten Bootseigner zufriedengeben müssen, wollen sie den Ballast nicht im Rahmen einer Kielbolzen-Erneuerung vollständig demontieren. Ist diese Maßnahme geplant, sollte der Ballast zu einem Strahlunternehmen transportiert und dort abgestrahlt werden (*vgl. Kap. 2.1, Kiele, Steven und ihre Vebindungen, S. 26 ff*).

Wichtig ist, dass der Ballast unverzüglich nach dem Strahlvorgang mit einer Beschichtung versehen wird, da das Metall sofort mit dem Sauerstoff der Luft reagiert und sich eine neue Oxidschicht bildet (Flugrost). Nach Durchführung einer solch umfassenden Maßnahme sollte der Ballast für einige Jahre versorgt sein und keine Roststellen aufweisen. Soll der Ballast nach den ersten Beschichtungen gespachtelt werden, ist unbedingt ein Epoxidharzprodukt zu verwenden.

KONTAKTKORROSION (GALVANISCHE KORROSION)*

Die Kontaktkorrosion ist eine Form der elektrochemischen Korrosion. Werden metallische Komponenten durch einen Elektrolyten (in diesem Falle Salzwasser, das eine hohe Leitfähigkeit besitzt) leitend miteinander verbunden (Korrosionselement), reagieren sie aufgrund ihres unterschiedlichen Spannungspotenzials miteinander. Wie bei einer Batterie fließt dann ein Strom zwischen den Metallen, die als Kathode und Anode wirken. Das unedlere Metall, die Anode, wird zersetzt, das edlere Metall bleibt meist unversehrt. Für diesen Vorgang müssen mindestens zwei metallische Komponenten in unmittelbaren Kontakt miteinander treten, indem sie durch den Elektrolyten leitend miteinander verbunden werden.

Zur Abschätzung des Lösungspotentials eines Metalls in einem Elektrolyten werden die Standardpotenziale der technisch wichtigsten Metalle in der Galvanischen Spannungsreihe definiert. Je weiter zwei Metalle in der Tabelle auseinander liegen, desto höher ist der Stromfluss, auch Ionenfluss genannt, und desto schneller wird das jeweils unedlere Metall zersetzt.

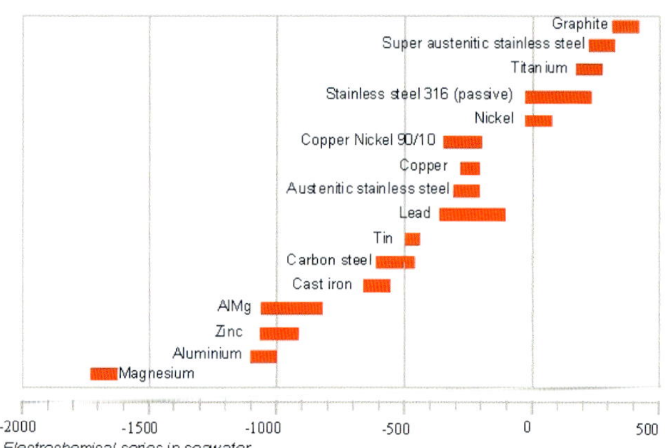

Galvanische Spannungsreihe

Korrodiertes Seeventil aus Messing

Insbesondere an klassischen Yachten besteht das Risiko der galvanischen Korrosion, da hier in der Regel mehrere verschiedenartige Metalle am Rumpf verbaut sind: eine Propellerwelle aus rostfreiem Stahl, ein Propeller aus Bronze, der Rumpf kupfergenietet oder messingverschraubt, Ballast aus Gusseisen, innen Stahlspanten, verbolzt mit Eisenschrauben und -muttern, dazu Messing- oder Bronze-Seeventile. Eine wahrhaft bunte Mischung! Unter diesen Umständen können sogar Kupfernägel korrodieren, was sich meist durch heraustretende Pfropfen (oder bei den klinkerbeplankten Folkebooten durch herausfallende Kittstellen) bemerkbar macht. Korrodierte Kupfernägel weisen eine grüne Patina auf und sind gegebenenfalls bereits in ihrer ursprünglichen Materialstärke reduziert.

* Der Begriff »galvanisch«/»Galvanismus« geht zurück auf den italienischen Anatomen und Naturforscher Luigi Galvani (1737–1798), der bei einem Versuch an Froschschenkeln erstmals diese Art der Elektrizität entdeckte.

SEEVENTILE UND AUSSENBORDVERSCHRAUBUNGEN

Die »überlebenswichtigen« Ventile für Cockpitabläufe, Kühlwasserzuläufe, WC-Ab- und Zuläufe sowie Spülabläufe können ebenfalls von Korrosion zersetzt werden.

Man kann bei der Wahl der Materialien für die Ventile nicht umsichtig genug sein. Es gibt preiswerte Produkte, die als nicht seewasserbeständig gelten und dennoch im Bereich Bootsbedarf verkauft werden. Diese Ventile führen die Bezeichnung MS 58 auf ihrem Corpus und bestehen meist aus Kupfer-Zink-Legierungen wie z. B. CUZN39PB2. Das Deutsche Kupferinstitut in Düsseldorf stuft sie als nicht seewasserbeständig ein. Das Institut empfiehlt den Einbau sogenannter DZR (dezinkification restistant)-Ventile, zu denen Rotguss- oder Bronzeventile, wie die bewährten »Blake«-Ventile, zählen. Jene Materialien werden in der Berufsschifffahrt verbaut und als seewasserbeständig ausgewiesen.

Galvanische Korrosion kann indes nicht nur durch die Wechselwirkung zwischen unterschiedlichen Metallen, sondern auch durch unsachgemäß installierte elektrische Anlagen an Bord verursacht werden. Auch klassische Yachten kommen heutzutage nicht mehr ohne elektrische Anlagen aus, für die sie Batterieladegeräte mit Landanschluss und vieles mehr benötigen. Hier können sich innerhalb des Bordnetzes Kriechströme entwickeln, die zu galvanischen Prozessen führen können. Eine weitere Ursache für galvanische Korrosionen an Bord können externe Einflussquellen wie benachbarte Yachten, metallene Spundwände oder die Landstromversorgung sein, zum Beispiel durch die Verbindung des Wechselstrom-Landanschlusses mit der Gleichstromerdung an Bord.

Der ungewollte Stromfluss innerhalb elektrischer Anlagen, der zu galvanischen Strömen führen kann, lässt sich von Fachleuten durch Messungen im Milli-Voltbereich feststellen. Landanschlüsse lassen sich durch galvanische Isolatoren absichern.

SCHUTZ GEGEN KONTAKTKORROSION

Zum Schutz des Holzrumpfes mit seinen metallischen Elementen müssen, insbesondere im Bereich der Propelleranlage, fachgerecht Opferanoden installiert sein (aktiver Korrosionsschutz).

Für Süß- und Salzwasser sind unterschiedliche Anoden notwendig:

Während im Süßwasser Aluminium- oder Magnesium-Anoden wirksam sind, die eine höhere Spannungspotenzialdifferenz zu anderen Metallen haben, sind im Salzwasser für einen effektiven Schutz der Metallteile am Rumpf unbedingt Zinkanoden erforderlich.

Ebenso sollte ein trockenes, gut belüftetes Schiff gegen galvanische Ströme im Bilgebereich geschützt werden. Hierbei wird im Ansatz die elektrisch leitende Verbindung über den Elektrolyten möglichst verhindert (passiver Korrosionsschutz).

2. BAUTEILE EINER KLASSISCHEN HÖLZERNEN YACHT

2.1 KIELE, STEVEN UND IHRE VERBINDUNGEN

Der Bau einer traditionellen hölzernen Yacht beginnt mit der Kiellegung. Während der Kiel sozusagen die Wirbelsäule des Bootskörpers darstellt, bilden die Spanten, Bodenwrangen, Balkweger und Decksbalken das grobe Skelett.

Der Fachmann bezeichnet nur den hölzernen Mittelbalken einer Yacht als »Kiel« oder »Kielbalken«, während der Laie die Gesamteinheit aus Totholz und Ballast »den Kiel« nennt.

Das sogenannte »Totholz« – eventuell zwischen dem Kielbalken des Bootes und dem darunter liegenden Ballast vorhandene Füllstücke – soll sozusagen als »Füllholz« den Abstand zwischen Kiel und Ballast schaffen.

Kiellegung

Kiel mit Vor- und Achtersteven

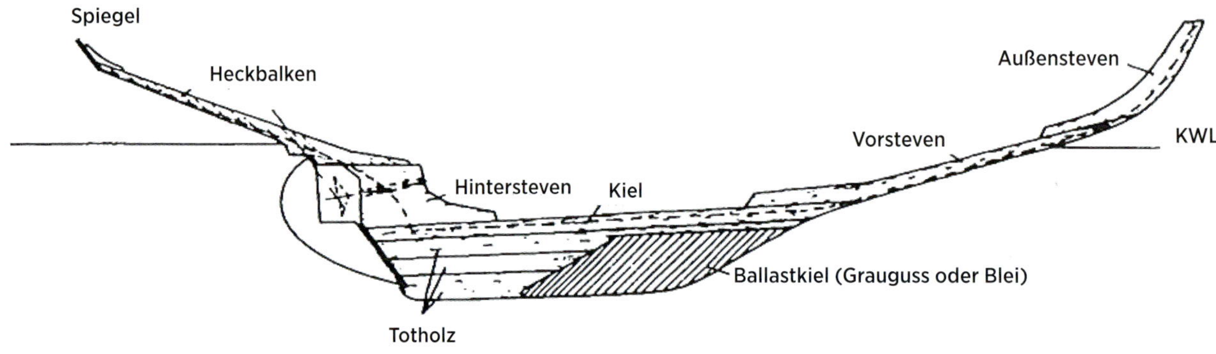

Kiel und Steven

Totholz an einem Schärenkreuzer

Kielschwein in einem Schärenkreuzer

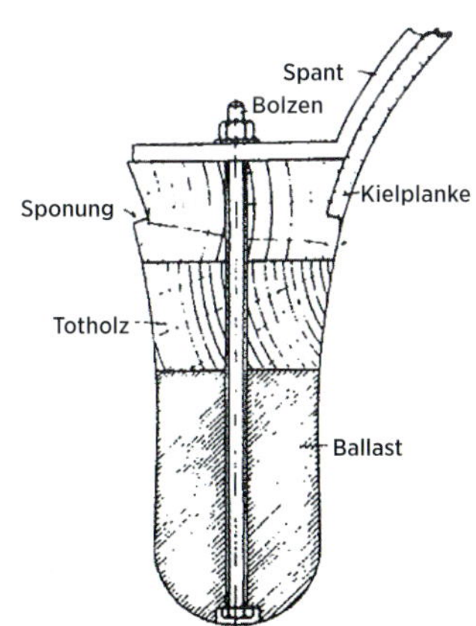

Kielbolzen mit Totholz und Ballast

Das vielzitierte »Kielschwein« ist eine Doppelung des Kiels, die über den Bodenwrangen positioniert und mit den Kiel- oder Stevenbolzen befestigt ist. Das Kielschwein dient wie der Kielbalken als Teil der »unteren Gurtung« dazu, die Längsfestigkeit einer Yacht, meist im Mastbereich, zu erhöhen, und bietet eine druckverteilende Aufnahme für den Mast, um eine punktuelle Belastung zu vermeiden. Durch die Höhe der Bodenwrangen wird ein Abstand zwischen dem »Kielschwein« und dem Kiel erzeugt, der diese Einheit wie einen T-Träger fungieren lässt.

Der darunter liegende Kielbalken bietet eine Aufnahme für Spanten und Bodenwrangen, die für die Querfestigkeit sorgen. In der Sponung (Falz) werden die Planken von außen mittels Verschraubungen am Kiel befestigt.

Formverleimter Kielbalken
(deutlich zu sehen: die Aufnahme der Spanten)

Kielbalken, Stevenknie und Achtersteven mit Sponung

Verleimter Kielbalken mit verleimtem Stevenknie

Achtersteven kurz vor der Montage an das Stevenknie

Gelöste Verbindung zwischen Kielbalken und Achtersteven

Kielbalken sind meist aus Eichenholz hergestellt worden, in England und in den USA auch häufig aus Ulme (elm).

Der Kiel einer Yacht ist meist als gerade ausgeführtes Bauteil über dem Ballastbereich angeordnet. Nach vorn ist der gestrakt ausgearbeitete Vorsteven angesetzt, der der Yacht den vorderen Überhang verleiht. Nach achtern folgt der Achtersteven mit dem Heckbalken oder »Auflanger« und endet am Spiegel. Bei Spitzgattern wird der obere Teil über der Wasserlinie als Achtersteven bezeichnet (*vgl. Zeichnung S. 26 unten*).

Dieses »Stückwerk« aus mehreren Bauteilen war beim Bau hölzerner Yachten notwendig, um den verschiedenen Krümmungen der Kiel-Steven-Konturen folgen und einen optimalen Faserverlauf der Hölzer erzielen zu können. Das alles bevor in den 1960er-Jahren vertrauenswürdige Leime auf den Markt kamen, die es ermöglichten, derartige Kiel-Steven-Konturen zu lamellieren. Die einzelnen Bauteile sind mittels Laschen zusammengefügt und verbolzt. In den meisten Fällen sitzt über der Verbindung noch ein Knie.

Nach oben und unten offene Hirnenden von Vor- oder Achtersteven sollten gut konserviert werden, weil Feuchtigkeit, insbesondere durch den Wechsel von Nässe und Sonneneinstrahlung, leicht in das Hirnholz eindringen und zu Rissbildung und Fäulnis führen kann. Die Bauteile an sich verursachen, sofern gutes Holz verarbeitet und das Boot fachgerecht gepflegt wurde, weniger Probleme.

Die Laschverbindungen dagegen bereiten oftmals mehr Sorgen, da die meist aus verzinktem Eisen bestehenden Verbolzungen aufgrund des hohen Gerbsäuregehaltes im Eichenholz zu Korrosion neigen, was wiederum zu Holzfäule im Bolzenbereich (nail sickness) führen kann (*vgl. Kap. 1.3, Korrosion an hölzernen Yachten, S. 14ff).*

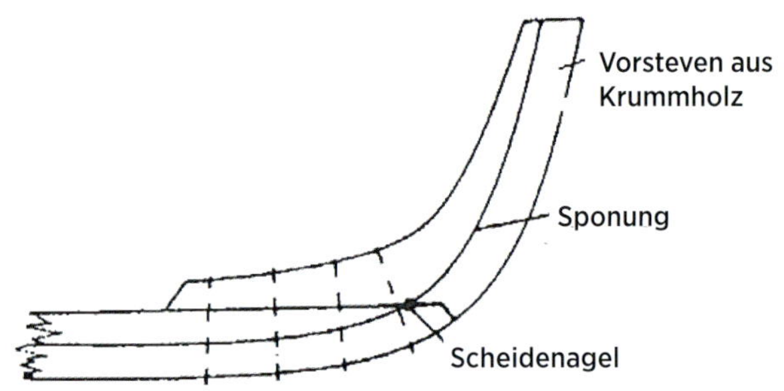

Stevenlasche mit Scheidenagel

Auch dynamische Belastungen, die beim Segeln durch heftiges Einsetzen in die See entstehen, setzen insbesondere den Kiel-Steven-Verbindungen im Bugbereich zu. Die Verbindungen verlieren ihre Dichtigkeit und beginnen, Wasser zu ziehen, was Fäulnis innerhalb der Laschen zur Folge haben kann. So ist schon manche Stevenverbindung zunächst von außen, aber unbemerkt auch von innen her »verrottet«.

Die verschraubten Laschverbindungen werden zusätzlich durch einen Scheidenagel abgedichtet. Dieser »Nagel« besteht aus Weichholz, etwa aus Oregon Pine, Spruce oder Lärche, und hat je nach Schiffsgröße einen Durchmesser von ca. 10–15 mm. Er ist genau in Querschiffsrichtung durch die Anlagefläche der beiden Laschenteile gebohrt und soll verhindern, dass Wasser durch die Lasche innerhalb der Sponung ins Schiffsinnere dringt. Treten unerklärliche Leckagen im Laschenbereich auf, sind die Planken in diesem Bereich aber dicht, kann es sein, dass der Scheidenagel verrottet ist und seine Aufgabe nicht mehr erfüllen kann. Unglücklicherweise ist der Scheidenagel oftmals nicht sichtbar, da er innerhalb der Sponung sitzt. In diesem Fall muss die abdeckende Planke zur Untersuchung und gegebenenfalls Erneuerung des Scheidenagels entfernt werden.

Diese Stevenverbindung hat im Laufe der Jahrzehnte ihre Festigkeit verloren und sich geöffnet, obwohl die Plankenverbindungen noch gut aussehen

Durch Gerbsäure des (Eichen)Holzes angegriffener Bolzen

Kronenbohrer

2.1.1 PROBLEME UND REPARATURMÖGLICHKEITEN

Sollen Bolzen der Stevenlaschen zwecks Erneuerung gezogen werden, wird man häufig erleben, dass die Bolzen durch nichts »zu überreden sind«, sich aus den Steven zu entfernen. Beide Materialien sind durch Korrosion und Einwirkung der aggressiven Gerbsäure des Eichenholzes unzertrennlich geworden.

Erfahrungsgemäß kann der Bolzen im Inneren des Stevens zu einem stecknadelkopfdicken Fragment korrodiert sein, sodass sich der Bolzen beim Versuch, ihn mit allzu heftiger Bearbeitung mit dem Hammer, um ihn von innen nach außen zu treiben, zerteilt – oft mit dem Ergebnis, dass sich der obere Teil des Bolzens von innen neben den unteren schiebt. Vorteilhafter ist es daher, statt zu versuchen, den Bolzen von innen nach außen zu treiben, diesen von außen freizubohren.

- Hierzu kann ein Kronenbohrer aus einem passenden Rohr, das auf einen Schaft für das Bohrfutter angeschweißt ist, angefertigt werden.
- In das untere Rohrende werden Zähne geschliffen, die möglichst ein wenig nach außen getrieben (geschränkt) werden, um einen Freischnitt zu erzielen.

Der Vorteil dieser Methode ist, dass das den Bolzen umgebende, ohnehin nicht mehr ganz gesunde Holz mit entfernt wird.

Ein Nachteil kann sein, dass die Bolzendurchmesser der neuen Bolzen unnötig groß werden (*s. Kap. 3.3, Der Einsatz von Epoxidharzen auf klassischen Yachten, S. 135 ff*).

2.1.2 BALLASTKIEL UND KIELBOLZEN

Der Ballastkiel einer Segelyacht soll die Stabilität im nautischen Sinne gewährleisten, womit die Fähigkeit gemeint ist, sich aus jeder geneigten Lage (Krängung) wieder aufzurichten.

Die Ballastkiele klassischer Segelyachten haben in der Regel einen Gewichtsanteil von ca. 50 %. Folkeboote besitzen sogar einen Ballastanteil von 54 %, womit eine enorme Stabilität oder »Steifigkeit« erzeugt wird. Moderne Yachten haben im Allgemeinen einen geringeren Ballastanteil, gleichen dies jedoch durch eine größere Wasserlinienbreite aus (Formstabilität). Über die daraus resultierenden unterschiedlichen Seeverhalten mag man diskutieren.

Glücklich derjenige, der einen Bleiballast unter seinem Totholz weiß, hier gibt es nahezu keine Korrosionsprobleme. Diese zeigen sich häufig in Form hässlicher »Rostnasen«, die aus der Naht zwischen der Oberkante des Ballastes und der Unterkante des Kiels oder des Totholzes laufen und bei fast jedem Gusseisenballast (minderwertiges Metall) zu beobachten sind (*vgl. Kap. 1.3, Korrosion an hölzernen Yachten, S. 14 ff*). Ursache hierfür ist nicht zu vermeidende Feuchtigkeit oder gar Nässe zwischen dem Holz und den Metallflächen sowie die relativ scharfe und schwer mit Rostschutzfarbe zu versorgende Oberkante des Ballastes.

Eindeutige Rostspuren

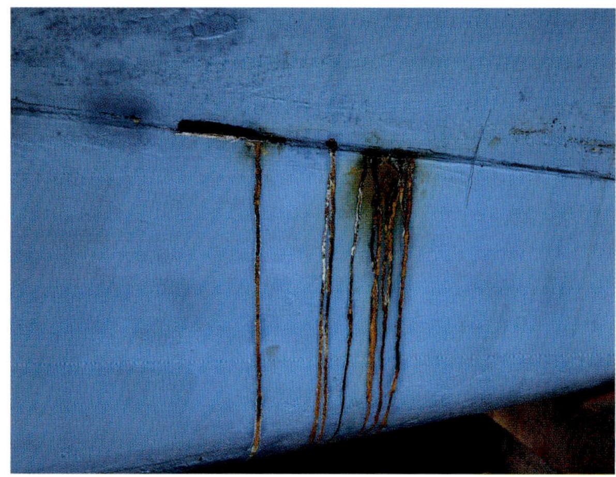

Eindeutige Rostspuren

Die Rostspur wird oftmals nur notdürftig von Winter zu Winter entfernt. Es werden diverse Rostschutzmittel aufgetragen und dennoch zeigt sich im nächsten Winter wieder die durchschlagende Korrosion.

Mögliche Abhilfe:

Ein weitaus erfolgversprechenderer Ansatz besteht darin, die Naht ein wenig keilförmig zu öffnen, sie zu primern und mit den bekannten dauerelastischen Fugendichtungsmassen (nur kein Silikon!) abzudichten bzw. zu versiegeln. Diese Maßnahme verschafft zwar ein wenig Ruhe, jedoch kann nun auch die Feuchtigkeit im Winter nicht mehr entweichen.

Sollte man der nachhaltigen Sorge um den Korrosionszustand der Kielbolzen nachgeben und entscheiden, den Ballast einmal abzunehmen und die Kielbolzen zu erneuern, ergibt sich eine zwar ganzheitliche, wenn auch nicht ganz einfache und kostengünstige Möglichkeit:

Der Ballast ließe sich zu einem Strahlunternehmen transportieren, abstrahlen und mit einer mindestens sechsfachen Epoxidharzbeschichtung versehen (*vgl. Kap. 1.3, Korrosion an hölzernen Yachten, S. 14 ff*).

2.1.3 BEURTEILEN UND ZIEHEN VON KIELBOLZEN

Bevor jedoch zu diesem aufwendigen und kostspieligen Unternehmen geschritten wird, sollte man versuchen, sich ein Bild vom Zustand der Kielbolzen zu verschaffen.

Eine erfolgversprechende Methode, die Kielbolzen zu untersuchen, ist das Röntgen (*vgl. Kap. 1.3, Korrosion an hölzernen Yachten, S.14 ff*). Allerdings ist dies nur bis zu einer gewissen Kielbalkenbreite möglich.

Am besten versucht man selbst, die Bolzen zu untersuchen, indem man ein oder zwei Präzedenzbolzen – nach Möglichkeit einen Bolzen aus dem tiefen, im Wasser stehenden Bilgebereich, und einen weiter oben gelegenen Bolzen – zieht.

Zu diesem Zweck sollte innen von oben die Kielbolzenmutter zwei bis drei Umdrehungen zurückgedreht und mit einem Hammer angemessener Größe versucht werden, den Bolzen nach unten herauszutreiben.

Wenn alle Versuche, diese von innen herauszutreiben, gescheitert sind, lassen sich die Kielbolzen von außen beispielsweise mit einer Öldruckpumpe (Wagenheber) ziehen.

- Man schweißt zunächst ein Auge auf den Kopf des Bolzens (Achtung, Brandgefahr!),
- verbindet den Bolzen mittels einer Kette mit einem kräftigen Balken, der auf der einen Seite auf einem Gegenlager (Kantholz) sitzt und auf der anderen Seite auf dem Stempel der Öldruckpumpe.
- Anschließend wird die Öldruckpumpe betätigt, um Zugkräfte aufzubauen. Auf diese Weise lassen sich die Bolzen ziehen, ohne gestaucht zu werden.

Erscheint aufgrund des Zustandes der probehalber entfernten Bolzen ein Ziehen aller Bolzen notwendig, ist es vorteilhaft, einen Kran einzusetzen, der das Boot nach Lösen aller Muttern an den Überhängen anhebt. Im besten Fall hebt sich das Boot und der Ballast bleibt liegen. Andernfalls muss hier mit Keilen und Vorschlaghämmern nachgeholfen werden. Nach vollzogener Trennung des Rumpfes vom Ballast stehen die Bolzen aus dem Ballast hervor und lassen sich somit einfacher, nötigenfalls mit viel Wärme, austreiben.

Abkeilen eines Ballastes

Absenken eines Ballastes

Demontierter Ballast mit korrodierter Oberfläche

Kielbolzen aus Bronze

Neue Kielbolzen sollten aus seewasserbeständigem rostfreiem Stahl – mindestens der Edelstahlgüte 1.4571, auch als V4A bekannt – oder Silikon- bzw. Aluminiumbronze hergestellt werden.

Als Dichtungsmittel und Ausgleich für Unebenheiten wird für die Rumpf-Ballast-Verbindung bei klassischen Yachten herkömmlicherweise Bitumen mit Teerfilz verwendet. Vielfach wird heute auch ein MS-Polymer-Kleber oder gar Epoxidharz (Spabond) eingesetzt – eine solche »endgültige« Verklebung von Ballast und Rumpf sollte jedoch wohl überlegt sein.

Kielbolzen aus Bronze

2.2 AUSSENHAUTBEPLANKUNG

2.2.1 DIE VERSCHIEDENEN BEPLANKUNGSARTEN

Wir unterscheiden nach dem äußeren Erscheinungsbild die Klinkerbeplankung und die Karweelbeplankung (auch: Kraweelbeplankung). Während sich die Klinkerbeplankung außen treppenförmig absetzt, ist die Karweelbeplankung außen glatt.

Bis zum späten Mittelalter war die Klinkerbeplankung bei den Schiffbauern im nordeuropäischen Raum üblich, bis die portugiesischen karweel gebauten »Caravelas« in den Norden drangen und die glatte Außenhaut auch hier übernommen wurde. Die Bezeichnung »karveel« kann somit von den Caravelas (oder auch: Karavellen) abgeleitet werden. Historisch belegt ist der Beiname »De grote Kraweel« für den Nachfolger der geklinkerten Hansekogge, den Holk.

Während Neubauten heute nur noch vereinzelt im nordischen Raum mit Klinkerbeplankung hergestellt werden, hat sich sie Karweelbauweise weiter durchgesetzt, auch wenn hier, wie in diesem Kapitel noch zu sehen sein wird, nicht immer von »Beplankung« gesprochen werden kann.

Es gibt verschiedene Bauweisen der Karweelbeplankung:

1. Die einfach (traditionell) karweel geplankte Außenhaut
2. Doppelkarweel-Beplankung
3. Diagonal-karweele Beplankung
4. Leistenbauweise
5. Formverleimte Rümpfe

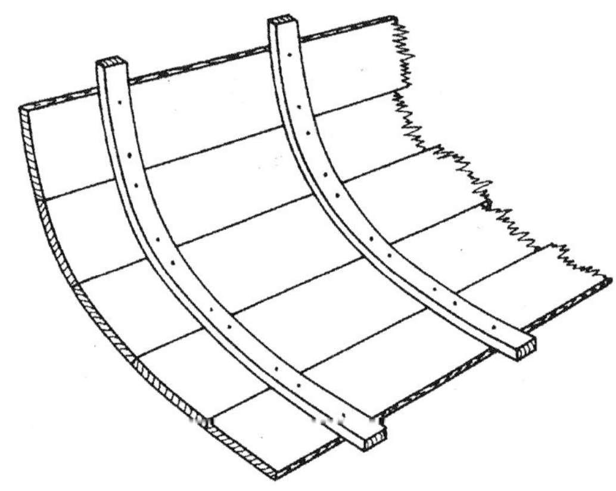

Einfach (traditionell) karweele Beplankung

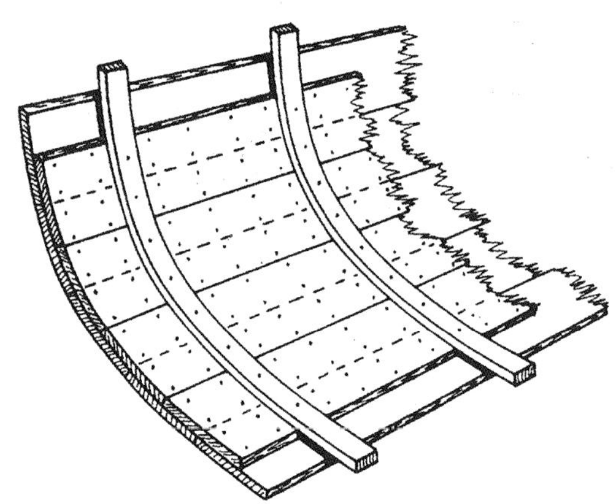

Doppelkarweel-Beplankung

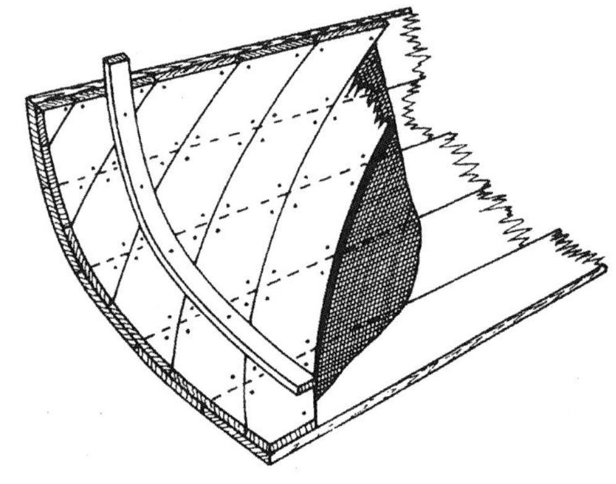

Diagonal-karweele Beplankung

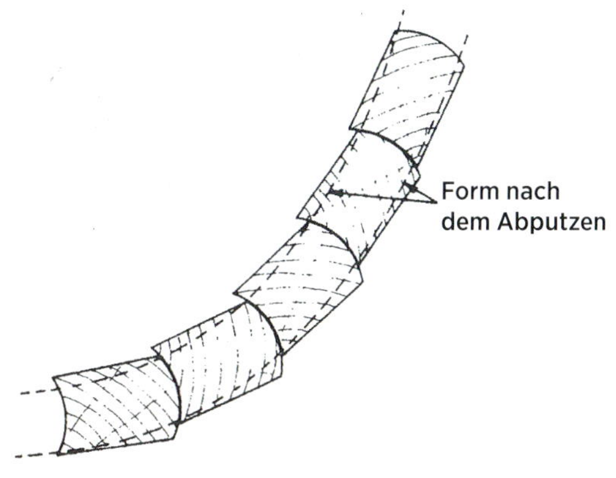

Leistenbauweise

Karweel geplankte Außenhaut

Bei dieser Art der Beplankung sind die Planken nicht miteinander verbunden, die Verbindung wird lediglich über die Spanten und Bodenwrangen hergestellt.

Zur Erhöhung der Dichtigkeit der Plankennähte wurde von einigen Werften (z. B. A&R) ein Baumwollfaden zwischen die Planken gelegt. Manche, meist gröbere Bauten hingegen wurden von vornherein kalfatet, um eine Dichtigkeit zu erzielen (*vgl. Beschreibung Kalfaten im Abschnitt Das Kalfaten von karweel geplankten Yachten, S. 43*).

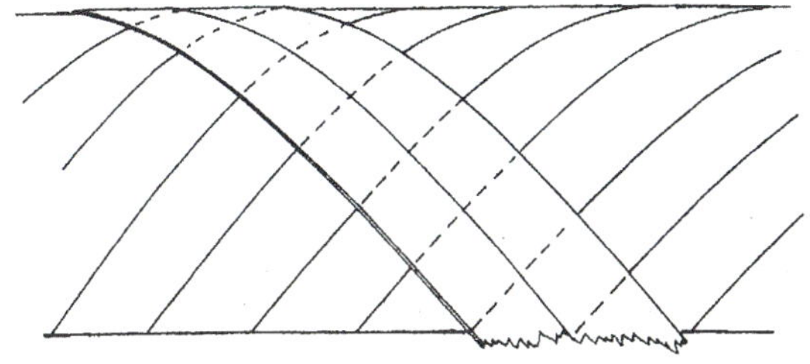

Beplankung aus formverleimtem Sperrholz

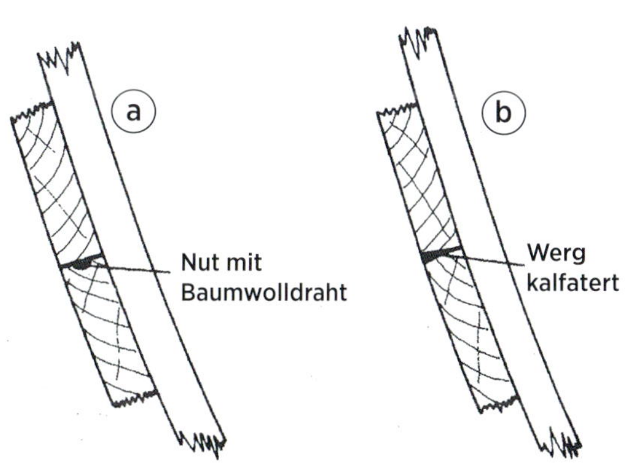

Dichtung der Plankennähte

Karweel geplankte Außenhaut

Die Außenhautplanken sind in der Regel durch Kupfernägel mit Klinkscheiben mit den Holzspanten vernietet, in schlechteren Zeiten wurden auch Eisennägel für die Vernietungen verwendet, was zu Korrosion innerhalb der Planken führen kann (*vgl. Kap. 1.3, Korrosion an hölzernen Yachten, S. 14 ff*). Verräterisch sind zum Beispiel »Rostnasen«, die aus der farbig lackierten Außenhaut laufen.

Die Bodenwrangen sind mit den Außenhautplanken entweder verschraubt oder – im schlechtesten Falle – vernagelt. Bei Eisennägeln besteht erhöhte Korrosionsgefahr.

Viele klassische Segelyachten sind sogenannte »Kompositbauten« (*vgl. Kap. 2.3.3 Bodenwrangen, S. 75 f.*), bei denen zur Erhöhung der Querfestigkeit sowohl Holz- als auch Stahlspanten und -bodenwrangen verbaut wurden. Die Verbindung der Außenhaut mit den Stahlspanten und -bodenwrangen wurde mittels Gewindebolzen aus Eisen hergestellt. Das hat im Laufe der Jahre zu schwerwiegenden Korrosionsproblemen geführt (*vgl. Kap. 1.3, Korrosion an hölzernen Yachten S. 14 ff*).

Die Plankenenden sind bei der einfach (traditionell) karweel geplankten Außenhaut jeweils mit dem Achtersteven/Heckspiegel und dem Vorsteven verschraubt. Die beiden untersten Planken, die Kielplanken, sind über die gesamte Länge mit der Sponung des Kielbalkens verschraubt. Bei hochwertigen Yachten sind hier Bronzeschrauben verwendet worden, die auch nach Jahrzehnten keine Probleme bereiten, während Eisenschrauben weniger korrosionsbeständig sind und durch den Korrosionsprozess auch das Holz angriffen wird.

In den 1960er-Jahren wurden häufig Messingschrauben verwendet, die durch »Entzinkung« der Kupfer-Zink-Legierung im Laufe der Zeit ihre Festigkeit verlieren (*vgl. Kap. 1.3, Korrosion an hölzernen Yachten, S. 14 ff*).

In Längsrichtung sind die Planken stumpf, d. h. rechtwinklig gegeneinander gestoßen und von innen durch ein Laschbrett oder -blech miteinander verbunden. In späteren Jahren, als die Leime verlässlicher schienen, sind die Planken in ihrer Länge durch Schäftungen miteinander verleimt worden.

Eine wichtige Voraussetzung für die Festigkeit und Dichtigkeit einer karweel geplankten Yacht ist die Holzqualität und, nicht weniger ausschlaggebend, der Trocknungsgrad bzw. die Ablagerungszeit des verarbeiteten Plankenholzes. Die am häufigsten verwendeten Holzarten für die traditionelle Außenhautbeplankung sind Mahagoni, Eiche, Kiefer, Lärche, und – seltener – Teak.

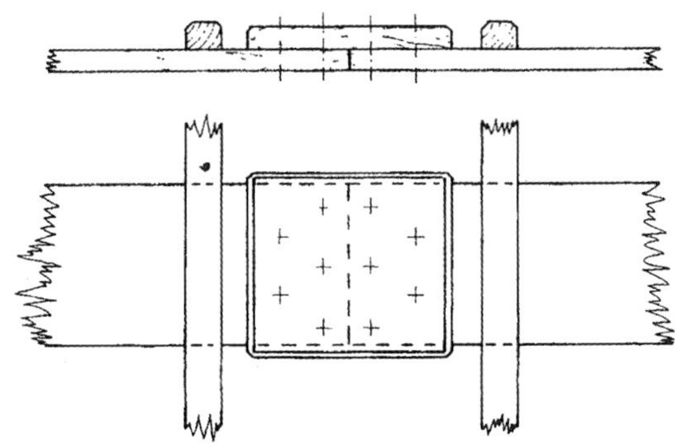

Plankenlasche für karweele Beplankung

Durch jahrelange Auftrocknung an Land geschrumpfte Planken

Rissbildung im Lack an den sich bewegenden Plankennähten

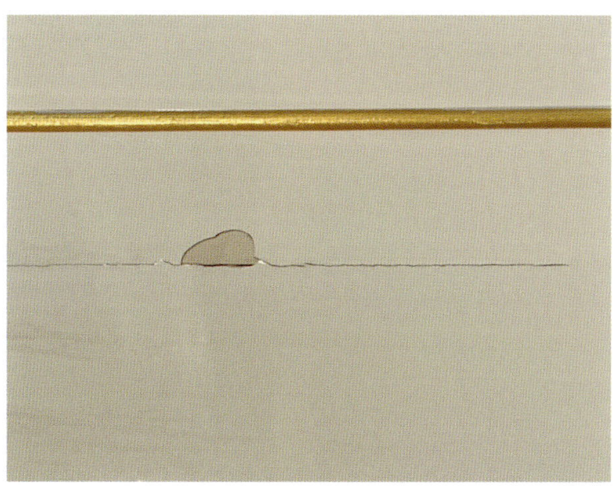

Rissbildung im Lack an den sich bewegenden Plankennähten

Typische Probleme an karweel geplankten Rümpfen und deren Beseitigung

Die meisten Eigner klassischer Yachten haben immer wieder mit Rissbildung in den Plankennähten im Überwasserbereich zu kämpfen, was sich wiederum als Rissbildung in der Lackierung zeigt. Dies gilt für farbig lackierte Rümpfe ebenso wie für naturlackierte.

Rissbildung in den Plankennähten kann folgende Ursachen haben:

- Dynamische Belastungen im Segelbetrieb
- Auftrocknung der Planken durch Sonneneinstrahlung während der Sommermonate oder zu trockene Lagerung im Winterlager
- Auf das Setzbord aufgesetzte Genuaschienen, die eine Zugbelastung nach oben ausüben

Abhilfe bei geöffneten Plankennähten:

- Die Rümpfe sollten während der Winterüberholung sorgfältig auf Rissbildung untersucht werden. Am besten eignet sich hierfür der Monat März, in dem die Luftfeuchtigkeit in der Regel am geringsten und der Auftrocknungsprozess über die Wintermonate hinweg bereits fortgeschritten ist.
- Bei weiß oder andersfarbig lackierten Rümpfen sind die Risse im Überwasserbereich mit einem feinen Kratzer leicht zu öffnen und mit (scharf geknicktem) Sandpapier in Längsrichtung nachzuschleifen.
- Die Nähte können anschließend verspachtelt werden. Die Meinungen darüber, ob hier ein weicher Lackspachtel oder ein verhältnismäßig fester Zwei-Komponenten-Spachtel verwendet werden sollte, gehen auseinander.
- Nach Aushärtung wird die überschüssige Spachtelmasse verschliffen und mindestens zwei Mal (!) grundiert, bevor die Endlackierung erfolgt.

Sind die Nähte auch nach dieser Behandlung langfristig nicht zu beruhigen, können sie ausgeleistet werden.

Ausleisten

Durch das Ausleisten mit Epoxidharz werden die Planken miteinander verbunden bzw. die Plankennähte geschlossen. Das sorgt nicht nur für eine vollständige Dichtigkeit des Rumpfes, sondern verleiht ihm auch eine höhere Festigkeit.

Voraussetzung für dieses Verfahren sind eine gesunde Beplankung des Rumpfes sowie feste Verbindungen der Planken mit den Spanten und Bodenwrangen, da durch das Einbringen von neuem Holz und dessen Quellverhalten eine erhöhte Spannung in den Rumpf eingeleitet wird.

- Zunächst wird eine Nut entlang der Plankennähte gefräst, die beide Kanten der angrenzenden Planken erreichen soll, um sauberes, frisches Holz als Haftgrund für die nachfolgende Verklebung zu erhalten.
- Für die Fräsungen eignet sich am besten eine Lamellofräse (Flachdübelfräse)/ Schattenfugenfräse mit einer Schnittbreite von ca. 3,5 mm.
- Die Tiefe der Nut ist so einzustellen, dass ca. 2 bis 3 mm der bestehenden Planken stehenbleiben.
- Als Führung dient eine Anschlagleiste, die im genauen Abstand unter die zu fräsende Naht mittels Schrauben oder kleiner Nägel befestigt wird. Ist die Schnittbreite für die geöffnete Plankennaht nicht ausreichend, muss zweimal gefräst werden. Hierfür lässt sich das Sägeblatt der Fräse in der Höhe verstellen.
- Für die Herstellung der Leisten sollte möglichst die gleiche Holzart gewählt werden wie die der übrigen Planken.

Eine Möglichkeit zur nachhaltigen Abdichtung geöffneter Plankennähte (sowohl im Über- als auch im Unterwasserbereich) ist die Ausleistung

Lamellofräse

Fräsen der Nut mithilfe einer Anschlagleiste

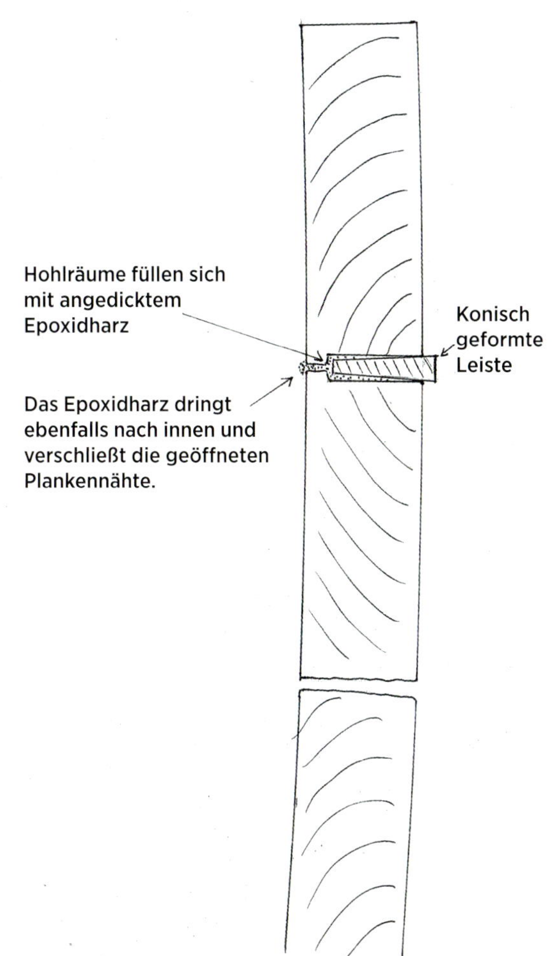

Konisch geformte Leiste

Sollen die Plankennähte in der gesamten Länge ausgeleistet werden, empfiehlt es sich, je nach Schiffslänge, Leisten von drei bis vier Meter Länge zu verwenden. Die Breite der Leisten entspricht der Plankenstärke, die Stärke der Leisten sollte geringfügig stärker geschnitten werden als die gefräste Nut.

- Der Querschnitt wird mit einem Winkel von ca. 10° konisch ausgearbeitet, sodass die Leiste mit der dünneren Kante mit Luft in die Nut gedrückt wird – wobei sich die dickere äußere Kante in der Nut von selbst beklemmt und somit in Position hält. Durch den konischen Querschnitt kann sich Harz im Inneren der Fuge sammeln und wird nicht in Folge einer zu starken Pressung verdrängt.
- Die Leisten sollten bestenfalls mit einer Dickenhobelmaschine auf die passende Stärke gehobelt werden. Durch die Dickenhobelmaschine wird im Gegensatz zum einfachen Kreissägeschnitt eine gleichmäßige Stärke der Leiste gewährleistet. Dies ist insbesondere bei der Ausleistung von naturlackierten Rümpfen wichtig, um ein nahtloses Erscheinungsbild zu erzielen. Die konische Ausarbeitung kann ebenfalls mit einer Dickenhobelmaschine mittels einer konischen Lehre hergestellt werden. Für diese Zwecke ist eine kleine Heimwerkerhobelmaschine vollkommen ausreichend.
- Anschließend werden Nut und Leisten mit nicht eingedicktem, gut in die Holzporen eindringendem Epoxidharz bestrichen (*vgl. Kap. 3.3, Der Einsatz von Epoxidharzen auf klassischen Yachten, S. 135 ff*).

Bei größerem Umfang der Ausleistungsarbeiten empfiehlt es sich, die Tätigkeit mit ein oder zwei Helfern auszuüben, da es zeitraubend ist, die kleinen Leisten großer Längen sowie die Nuten mit Harz zu versorgen.

- Im zweiten Schritt werden die Nuten mit der entsprechenden Menge eingedickten Harzes gefüllt und die Leisten eingedrückt. Sollten die Leisten das Bestreben haben, an manchen Stellen aus der Nut zu rutschen, können sie mit Tackerklammern in Position gehalten werden.
- Überschüssiges Harz wird nun innen zwischen den Spanten und außen durchgängig abgestrichen und das Harz kann aushärten. Die vorher geöffnete Plankennaht im Innenbereich wird nun ebenfalls durch das Harz geschlossen.
- Nach Aushärtung des Harzes können die Überstände der Leisten geputzt (abgehobelt) werden und der Rumpf kann durch Schleifen zur Beschichtung vorbereitet werden.

Durch das Ausleisten lassen sich nicht nur Plankennähte abdichten, sondern auch Rissbildungen innerhalb der Planken (auch bei naturlackierten Rümpfen) instandsetzen. Bei der Ausleistung naturlackierter Rümpfe ist die Wahl der Holzart der Leisten besonders wichtig, um eine annähernd gleiche Färbung der Außenhautplanken und Leisten zu erzielen. Zur Herstellung eines einheitlichen Farbbildes ist im Rahmen der Ausleistung ein Abziehen und Eintönen des gesamten Freibordes bis auf das rohe Holz unumgänglich (*vgl. Kap. 3.2.4, Beizen und Tönen hölzerner Oberflächen, S. 133 f.*). Leider ist eine Veränderung der Färbungen der Hölzer aufgrund der UV-Einstrahlung auf Dauer nicht zu vermeiden, sodass die Leisten ohnehin im Laufe der Zeit wieder sichtbar werden.

Eingeklebte Leisten

Gehobelte und plangeschliffene Leiste

Ausgeleistete Mahagoni-Außenhaut, naturlackiert

Leckagen

Beim Einwassern eines Holzbootes im Frühjahr besteht noch kein Grund zur Besorgnis, wenn Wasser durch die Plankennähte eindringt, auch nicht bei größeren Mengen. Insbesondere Nadelhölzer wie Lärche oder Douglasie können durch Austrocknung in der Wintersaison derartig schwinden, d. h. ihr Volumen verändern, dass Wassereinbrüche entstehen können. Zur Vermeidung einer zu starken Austrocknung im Winterlager vgl. *Kap. 5.1, Winterlager, S. 143 ff.*

Ist das Holz jedoch gesund, sollten diese Leckagen bereits nach einigen Stunden deutlich geringer werden und nach spätestens zwei Tagen eine vollständige Dichtigkeit erreicht werden. Eine einsatzfähige automatische Bilgepumpe ist jedoch auf einer klassischen Yacht zu jedem Zeitpunkt unverzichtbar.

Eine Möglichkeit, »Erstleckagen« zu verhindern, ist die Versorgung verdächtiger Plankennähte mit Ettan, einem Teerfettprodukt aus Schweden. Es wird kurz vor dem Einwassern mit einem Japanspachtel in die offenen Nähte gedrückt. Ettan sorgt für eine »Erstdichtigkeit«, hindert jedoch die Planken nicht am Quellen. Das Produkt ist beispielsweise in Stockholm im »Seglarshuset« oder in Deutschland bei Toplicht erhältlich.

Sind auch nach mehreren Tagen noch Leckagen vorhanden, ist es wichtig, zu lokalisieren, wo sich die Wassereintritte befinden. Die Lecksuche wird erleichtert, wenn das Schiff leergeräumt ist und nicht zu leichte Windbedingungen herrschen.

Ausgerüstet mit Taschenlampe und Saugtüchern wird die Bilge auf Leckagen untersucht, verdächtige Stellen werden trockengewischt und bezüglich der Intensität des Wassereintritts beobachtet. Neuralgische Punkte sind hierbei die Kielplanken im Mastbereich, Steven-Kiel-Verbindungen, Bodenwrangenverschraubungen und Plankennähte. Werden auch während der Saison Leckagen festgestellt, können diese – statt im Logbuch – in einem sogenannten »Leckbuch« notiert werden. So werden sie nicht vergessen und können im nächsten Winterlager beseitigt werden.

Befinden sich die Leckagen in den Plankennähten und ziehen sich diese auch über die Saison nicht dicht, gibt es zunächst die Möglichkeit, die betroffenen Nähte zu kalfaten.

Kalfaten von karweel geplankten Yachten

Der Begriff »kalfaten« (bzw. »kalfatern«) stammt aus dem lateinischen »calfacere«, was nichts anderes bedeutet als »erwärmen«. Im früheren Holzschiffbau wurde Pech erwärmt und in die Decks- oder Plankennähte gegossen bzw. gestrichen. Auch heute noch werden im Traditionsschiffbau die Decks- und Plankennähte kalfatet.

Vor dem Vergießen mit Pech werden die Nähte mit Werg, d. h. in Holzteer getränkten Hanfsträngen, ausgeschlagen (»gestopft«).

Bei den filigraner geplankten klassischen Yachten wird das Kalfaten weniger rustikal durchgeführt:

- Statt Werg werden dünne Baumwollfäden verwendet, die je nach Nahtbreite in unterschiedlicher Anzahl zu einem Strang gerollt und anschließend mit einem »Setzeisen« in die Naht gesetzt werden. Mit einem Kalfathammer wird ein gerilltes »Rabatteisen« in die Naht getrieben, um den Baumwollstrang zu verdichten.
- Die Kalfathämmer sind aus Holz von unterschiedlicher Größe und Schwungmasse.

Mit ein wenig Gefühl wird auch der Laie bei dieser Tätigkeit ein Gespür für die benötigte Menge Baumwolle und die Schlagintensität entwickeln.

Das Kalfaten soll dem Bootsrumpf wieder Spannung verleihen, die das verminderte Quellvermögen der Planken ausgleicht.

Nach dem Ausschlagen der Nähte sollten diese weiter abgedichtet werden. Wo früher für die äußere Abdichtung Pech verwendet wurde, gibt es heute verschiedene Möglichkeiten: Der Purist verwendet Leinölkitt, der nach längerem Aushärten verschliffen werden kann. Hier besteht die Gefahr, dass der Kitt nach einigen Jahren versprödet und herausfällt. Der Pragmatiker schwört auf dauerelastische Fugenmassen (Sika, Pantera). Diese können sich allerdings unbemerkt von den Flanken, d. h. von den Nahtwänden, ablösen und somit Feuchtigkeitsnester bilden, die zu Fäulnis führen und die Dichtigkeit vermindern. Die sogenannte »Gummikalfaterung« ist also keine Dauerlösung!

Werg, Baumwolle, Kalfathammer, Rabatteisen

Nicht nur im Bereich des Freibordes, auch im Unterwasserbereich ist die nachhaltigste Lösung zur Wiederherstellung der Dichtigkeit das Ausleisten (*vgl. Beschreibung Ausleisten in: Kap. 2.2.1, Die verschiedenen Beplankungsarten, S.40 ff*).

Plankenenden

Wie bereits beschrieben, bereiten durch Alterung nicht nur die Plankennähte, sondern auch die Verschraubungen der Plankenenden zum Teil Probleme. Es ist regelmäßig zu prüfen, ob die Plankenenden fest in den Sponungen der Steven sitzen bzw. gut am Spiegel befestigt sind. Zeichnen sich die Plankenenden vom Steven ab oder treten gar hervor, besteht hier meist Handlungsbedarf.

Eine weitere Möglichkeit, den Sitz der Plankenenden zu überprüfen, ist der sogenannte »Klopftest« (*vgl. Kap. 1.1, Befundung, S. 8 f.*), bei dem mit einem Kunststoffhammer die Plankenenden an den Steven und die Kielplanken entlang der Sponung abgeklopft werden. Im trocknen Zustand an Land ist in der Regel am Klang deutlich hörbar, ob die Planken fest in den Sponungen sitzen. Sind diese lose, so entsteht ein hohler, nahezu »klappernder« Klang. In diesem Fall sind die Verschraubungen zu erneuern. Vorteilhaft ist es hierbei, die bestehenden Schraubenlöcher nach dem Entfernen der alten, schadhaften Schrauben wiederzuverwenden. Dies ist jedoch nur möglich, wenn die Schrauben nicht abbrechen und sich vollständig entfernen lassen. Alte Messingschrauben lassen sich mit guten Bohrern und Spezialzangen, wenn auch mühevoll, entfernen (*vgl. Kap. 4.3, Herauslösen und Ersetzen korrodierter Schrauben, S. 141 f.*). Die Enden der Planken sind besonders gefährdet, da über das Hirnholz Wasser in die Planken dringen und zu Fäulnis führen kann. Sind die Enden bereits stark angegriffen, was bei naturlackierten Booten leicht durch schwarze Verfärbungen und bei farbig lackierten Rümpfen durch Farbablösungen erkennbar sein kann, können sie mittels Anschäften erneuert werden. Dies ist jedoch eine handwerklich herausfordernde Maßnahme und nicht von jedem Laien zu bewerkstelligen.

Angeschäftete Plankenenden

Anschäften von Plankenteilen

Eine Schäftung nennt der Fachmann eine Holzverbindung in Faserrichtung, die durch Verleimung oder Verklebung hergestellt wird. Die zu verbindenden Holzteile werden im schrägen Winkel angeschnitten bzw. angehobelt, sodass eine ausreichende Langholzleimfläche entsteht.

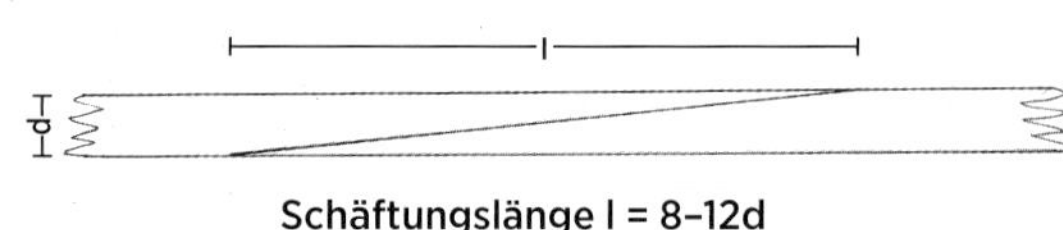

Schäftung

Die Vorschrift besagt, dass die Länge einer Schäftung mindestens das Acht- bis Zwölffache der Dicke des zu schäftenden Bauteiles betragen soll.

Bei einer Schäftung werden die Enden spitz, zu Null auslaufend, ausgehobelt. Für die Verleimung kann Epoxidharz oder Resorcinharzleim verwendet werden. Auch der dänische Polyurethanleim Duracol 65 hat sich bewährt. Für schwierige Verklebungen eignet sich auch Spabond 370 von Gurit sehr gut. Verklebungen mit Epoxidharzen oder -klebern haben den Vorteil, dass, anders als bei den Holzleimen, kein hoher Anpressdruck erforderlich ist.

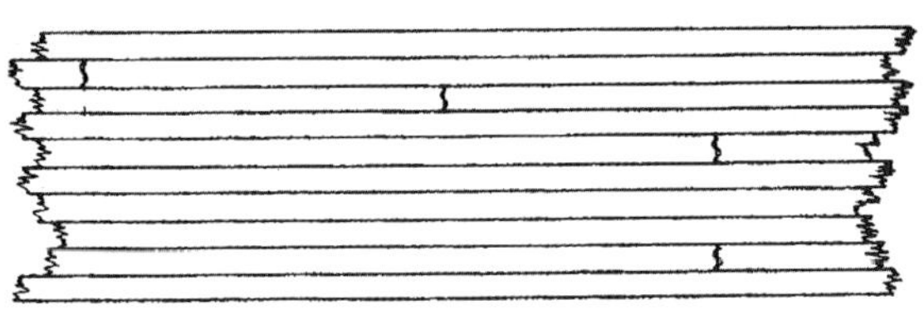

Stoßverteilung

Die Holzfeuchte darf für die Verleimung bzw. Verklebung nicht mehr als 15 % betragen.

Sollen mehrere Plankenenden bzw. Plankenteile untereinander erneuert werden, ist darauf zu achten, dass die Stöße nicht direkt untereinander angeordnet, sondern um mindestens zwei Spantfelder gegeneinander versetzt sind.

Auswechseln von Karweelplanken

Ist eine Planke derart beschädigt, dass sie durch die oben genannten Maßnahmen nicht mehr instandgesetzt werden kann, so sollte sie ausgetauscht werden.

Dabei ist zunächst die geeignete Holzsorte auszuwählen. So macht es zum Beispiel keinen Sinn, ein Nadelholz in einem Mahagonischiff zu verbauen, weil das Quell- und Schwindverhalten dieser Hölzer zu unterschiedlich ist. Es sollte also nach Möglichkeit die gleiche Holzsorte verarbeitet werden wie bei den übrigen Planken. Das neue Plankenholz sollte einen Feuchtigkeitsgehalt von 15 bis 18 % nicht überschreiten, damit es im Wasser noch quellen kann und im Winterlager nicht zusammentrocknet.

Bei karweel gebauten Booten lässt sich die zu erneuernde Planke in der Regel in voller Länge herausarbeiten.

- Sind die Planken mit den Spanten vernietet, können die Nietköpfe von innen über der Klinkscheibe mit der Flex abgeschliffen und die Nietnägel mit einem Splintentreiber nach außen getrieben werden.
- Bronzeverschraubungen in den Sponungen der Steven und des Kiels lassen sich in der Regel leicht lösen.
- Bei Messing- oder Eisenschrauben und möglicherweise vernagelten Bodenwrangen sollte man nicht lange experimentieren, sondern die Schraube/den Nagel mit einem Rohrbohrer (auf einen Schaft geschweißtes Rohr mit Verzahnung, ähnlich einer Lochsäge) freibohren. Auf diese Weise kommt die Planke frei, die Schrauben bleiben stehen und lassen sich mit einer Gripzange herausdrehen.

Herausgelöste Planken

Die alte Planke kann dann als Modell (Schablone) für die neue verwendet werden.

Lässt sich die alte Planke nur stückweise herauslösen, muss zur Herstellung der neuen Planke die Kontur der alten rekonstruiert werden. Die Kontur in der Breite der Planke muss exakt angepasst werden. Die Form der Planke stellt dabei niemals eine Gerade, sondern eine gestrakte Linie dar, wobei keine Plankenkontur eines Rumpfes der anderen gleicht.

Die Kontur wird mittels eines »Rees«, eines Schablonenholzes, abgenommen.

- Das Ree sollte aus festem Holz wie Sperrholz oder Fichtenholz von ca. 10–12 mm sein, damit es sich nicht zu leicht in der breiten Kante verwinden (verziehen) lässt. Bei großen Krümmungen, wie etwa am Heck eines Spitzgatters, kann das Ree mittels kleiner Nägel oder Spaxschrauben an den Spanten, sauber angepasst an die Stevensponung, befestigt werden. Achtung! Es muss dann für das Ree unter Umständen dünneres Material verwendet werden, um eine starke Biegung zu ermöglichen.
- Soll die Kontur einer Planke über die gesamte Länge der Planke abgenommen werden, liegt das Ree also innerhalb der Sponung an Vor- und Achtersteven, muss es entsprechend der Winkel in den Sponungen in die Steven eingepasst werden.
- Besitzt das Boot statt eines Achterstevens einen Heckspiegel, so kann das Ree bei der Abnahme der Kontur über den Spiegel hinwegschießen. Mit einem Stechzirkel wird auf Höhe der Spanten (um zu verhindern, dass das Ree nachgibt) ein beliebiges Maß von den beiden angrenzenden Planken auf das Ree übertragen und gut gekennzeichnet.
- Alternativ zu dieser »Zirkel-Methode« können Abschnitte von Holzleisten an den entsprechenden Messpunkten auf das Ree geschraubt, genagelt oder mit Heißkleber befestigt werden, um die Kontur der zu erneuernden Planke in ihrer Breite zu definieren.
- Das Ree kann nun abgenommen und – spannungsfrei! – auf das neue Plankenholz gelegt werden.

Abmallen einer Planke mittels eines Rees

Zuschneiden einer Planke

Abmallen

Hat man sich für die »Zirkel-Methode« entschieden, werden anschließend mit dem zuvor festgelegten Zirkelmaß die Punkte auf das Plankenholz übertragen und mit einer sauberen, gleichmäßigen Straklatte »ausgestrakt«. Die Ermittlung einer solchen Form wird im Bootsbau »Abmallen« genannt.

Zur Erklärung:

- Die Straklatte wird mit Nägeln auf das Werkstück geheftet, wobei nicht durch die Latte genagelt wird, sondern stramm daneben, sodass die Latte direkt am Strakpunkt anliegt. Sind alle Punkte durch die Latte miteinander verbunden, ergibt sich eine saubere, strakende Linie und es kann ein Strich entlang der Latte gezogen werden, der der Schnittlinie der anzufertigenden Planke entspricht. Hierbei wird für die Ober- und Unterkante der Planke gleich verfahren.
- Sofern die Krümmung nicht zu stark ist, kann die Planke mit der Handkreissäge ausgeschnitten werden. Hierbei ist zu beachten, dass der Riss (Strich) noch stehen bleibt – ein sogenannter »Angstmillimeter« – damit die Planke nicht zu schmal wird und noch Material zum Einpassen übrigbleibt. Mit dem Hobel wird die Planke nun an der Sägekante geputzt, um Unebenheiten auszugleichen, und schließlich eingepasst.

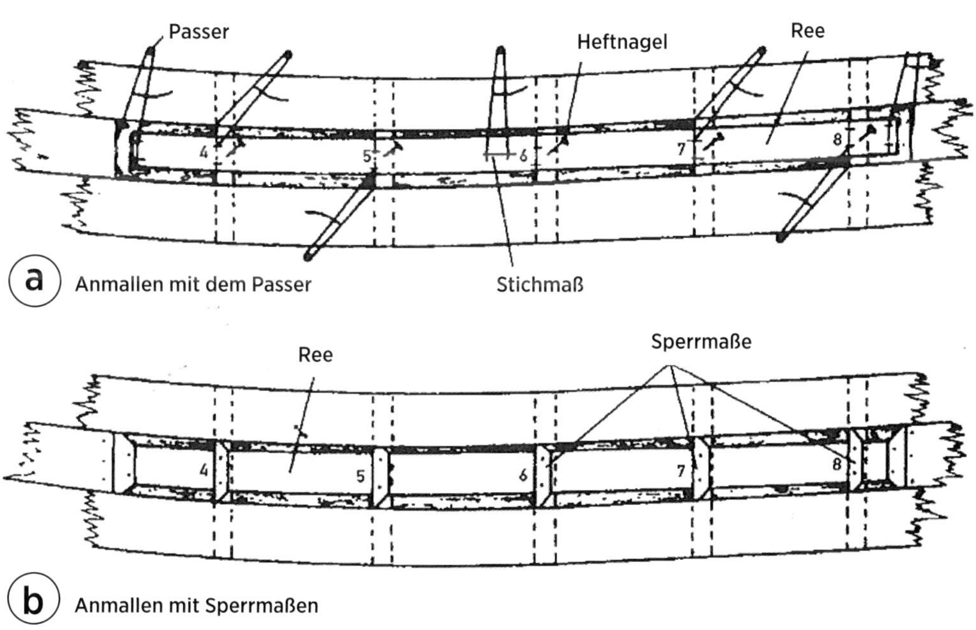

Abmallen einer karweelen Außenhautplanke

Wichtig ist, dass die Schmiege an der Ober- und Unterkante der neuen Planke jeweils genau der Schmiege der darüber bzw. darunter liegenden Planke entspricht, sodass die neue Planke ohne Zwischenräume dicht an diese anschließt. Es darf innen keinesfalls eine keilförmige Öffnung zwischen den Planken entstehen!

In ihrer Dicke lassen sich die Planken biegen, sofern die Krümmung der Rumpfkontur an der entsprechenden Stelle nicht zu stark ist. Andernfalls muss das Plankenholz gedämpft werden (*vgl. Beschreibung des Dämpfens, Kap. 2.3.2, Herstellung eingebogener, gedämpfter Spanten, S. 73 ff*).

Vor dem Befestigen der Planke ist zu überlegen, ob die Planke von der Innenseite konserviert werden soll. Das gilt insbesondere für die Stellen, die nach der Befestigung unter den Spanten und Bodenwrangen liegen und somit nicht mehr zugänglich sind.

Sollen die Plankennähte kalfatet werden, ist an die Ober- und Unterseite der Planke eine Kalfatfase von ca. 2 mm Höhe und einer Tiefe von ca. einem Drittel der Plankendicke anzuhobeln.

Die Planke kann nun befestigt werden. Die Spanten werden vernietet bzw. verschraubt, die Planke wird an Spiegel/Steven, Sponung und Bodenwrangen verschraubt.

Es ist unerlässlich, die Plankennähte der neuen Planke, sei es durch Kalfaten, Einkleben mit Epoxidharz oder Dichtungsmasse, abzudichten, da es annähernd unmöglich ist, Planken derart passgenau einzupassen, dass sie auf Anhieb dicht sind.

Anhobeln der Plankenschmiege

Anpassen einer Planke

Einfügen einer Planke mit dem Vorschlaghammer

Bohren der Pfropfenlöcher für die Verschraubungen der Planken

Verschraubte Planken

Fixieren der Planken

Setzen von Pfropfen über den Verschraubungen der Planken

Verschraubung neuer Planken in der Sponung

Neu eingesetzte Kielplanken

Klassische und moderne Beplankungsarten der Außenhaut im Vergleich

Vor allem um die Jahrtausendwende wurden zahlreiche Holzyachten im klassischen Stil, sogenannte Retro-Klassiker, gebaut, die sich angenehm von den oftmals kaum noch zu unterscheidenden GFK-Serienyachten abheben. Diese Segelyachten stellen eine regelrechte »Hybridform« dar. Sie sind meist mit einem modernen Unterwasserschiff, also geteiltem Lateralplan mit freistehendem Ruder (Balanceruder) und einer kurzen, aber tiefen Kielflosse, ausgestattet. Das macht die Segeleigenschaften gegenüber den »echten« Klassikern zumindest bei leichtem bis mittlerem Wind deutlich vorteilhafter.

GLORIA – Hightech trifft Holz – Karbonmast, Laminatsegel und ein hochmodernes Unterwasserschiff harmonieren mit dem hölzernen Anblick

Das Erscheinungsbild über Wasser kann es an Schönheit meistens mit dem von authentischen klassischen Yachten aufnehmen.

Die Bauweisen der modernen hölzernen Yachten beruhen zwar auf den traditionellen Techniken, bewegen sich jedoch dank moderner Klebetechniken auf einem hohen technischen Level. Durch den Einsatz hochwertiger Klebeharze und Leime lassen sich leichte und dichte Rümpfe von hoher Festigkeit herstellen. Grundsätzlich sind verleimte Rümpfe, solange die Leimungen intakt sind, fester und dichter als nicht verleimte Rümpfe.

Doppelkarweel-Beplankung

Mit dieser Methode wurde erstmals in den 1960er-Jahren begonnen. Über den bereits gestellten Kiel mit Steven, Spiegel und fertigen Bauspanten wurde – meist über Kopf – mit der Beplankung begonnen. Die Beplankung besteht bei diesem Verfahren aus zwei Lagen, die in Längsrichtung nahtversetzt über das Spantengerippe geplankt werden.

Die Plankengänge der inneren Lage werden auf die Spanten geleimt und geschraubt; anschließend die Planken der äußeren Lage nahtversetzt von außen auf die innere Lage geleimt, sodass die Nähte zwischen den inneren Gängen durch die äußeren Gänge verdeckt werden.

Der Leimdruck im Unterwasserbereich wird in der Regel durch Schraubzwingen und Verschraubung, im Überwasserbereich ausschließlich durch Schraubzwingen erzeugt. Im Überwasserbereich wird auf Verschraubungen verzichtet, um Bohrungen und Verpfropfungen zu vermeiden.

Auch heute noch werden Holzyachten nach der Doppel- oder gar Dreifachkarweel-Bauweise gebaut, bei der gänzlich auf zeitaufwendige Sponungen in Kiel und Steven verzichtet wird.

So wird in das Spantengerippe ein Innenkiel gesetzt und mit den Spanten verschlichtet, um die Außenhaut mit dem Kiel verleimen zu können. Bei einigen Rümpfen wird zusätzlich ein Außenkiel aufgeleimt. Der Steven wird als Innensteven ohne Sponung ausgeführt, über den die Planken verschießen. Der Innensteven wird an der Vorkante bündig gehobelt und anschließend ein Außensteven vorgeleimt, um die Hirnholzenden der Planken zu verdecken. Während die innere Plankenlage mit Spanten, Kiel und Steven verschraubt wird, setzt man bei der äußeren Lage ausschließlich auf die dauerhafte Haltekraft des Klebeharzes (Epoxidharz).

Leistenbauweise

O-Jollen, Finn-Dinghis, BM-Jollen und Jollenkreuzer sind nur einige Beispiele für Boote, die mit dieser beim Bau äußerst effizienten Beplankungsart gebaut sind.

Die »Planken« bestehen aus parallel geschnittenen Leisten mit rechteckigem Querschnitt. An den beiden schmalen Kanten jeder Leiste wird jeweils eine Hohlkehle und eine Rundung mit entsprechendem Radius gefräst. Über ein Blockmodell oder ein Mallengerüst des Rumpfes werden die Leisten, ebenfalls »kieloben« parallel zum Decksstrak beginnend, gebogen, fixiert und miteinander verleimt.

Durch die exakt sich aneinanderfügenden Hohlkehlen und Rundungen passen sich die Kanten – der Spantform folgend – ohne mühsame Anschmiegearbeit aneinander.

Das aufwendige Ausstraken der Plankenbreiten entfällt ebenfalls. Lediglich auf der Kielmitte müssen die von beiden Seiten zusammentreffenden Leisten angepasst werden.

Für einen schnellen Arbeitsablauf, und nicht zuletzt auch aus Misstrauen gegenüber der Dauerhaftigkeit der Leime, wurden früher die Leisten zusätzlich miteinander vernagelt, nicht selten auch mit Eisennägeln.

So mancher stolze Eigner eines Leistenbaubootes mit naturlackierter Außenhaut stößt beim Abziehen seiner Außenhaut auf diese Nägel. Hier zeigt sich ein Nachteil dieser beim Bau so effizienten Methode: Reparaturen sind schwierig auszuführen, die austretenden Nägelchen nicht unsichtbar zu entfernen. Wenn sich die Leimungen zwischen den Leisten lösen, ist der Rumpf nahezu verloren. Hier kann eine Beschichtung aus Glasgelege und Epoxidharz lebensrettend sein. Auch sind schon Jollenkreuzer mit einem Glasgelege und anschließenden Mahagonifurnier in Vakuumtechnik mit Erfolg erhalten worden.

Die Leistenbauweise wird auch im modernen Yachtbau häufig angewendet. Mit hochwertigen Klebeharzen können sehr schnell hochfeste und leichte Rümpfe hergestellt werden. Diese Bauweise wird auch »Speed Strip« Planking« genannt.

Die Leisten – meist aus Western Red Cedar, auch Rotzeder genannt – sind in allen gängigen Abmessungen im Fachhandel erhältlich. Die entsprechenden Rümpfe sind von vornherein für einen äußeren Farbanstrich vorgesehen. Für eine Maximierung der Festigkeit, als Schutz gegen äußere mechanische Beschädigungen und somit gegen Eindringen von Feuchtigkeit wird der Rumpf mit einem Glasgelege beschichtet und farbig lackiert. Auch innen wird ein Glasgelege aufgetragen, um das Eindringen von Feuchtigkeit zu verhindern. Bei guter Verarbeitung kann die Beschichtung innen naturlackiert werden, sodass nur das geschulte Auge ein Glasgelege erkennt.

Formverleimte Rümpfe

Die Ursprünge dieser Bauweise liegen bereits zu Beginn des 19. Jahrhunderts. Schon damals hat man erkannt, dass man mit weniger Material, geschickt verbunden, auch Bootsrümpfe von geringem Gewicht mit hoher Festigkeit herstellen kann. Das entsprechende Prinzip beruht auf wechselnden Faserverläufen in der Außenhaut. Üblicherweise wurden Plankenstreifen von ca. 5–6 mm Dicke diagonal über ein Spanten- oder Mallengerippe gebogen und mit den Spanten, sogenannten »Nahtspanten«, vernagelt. So wurden meist zwei Lagen in 45°-Richtung und anschließend eine Lage in horizontaler Ausrichtung, parallel zu Wasserlinie, verlegt. Die Holzlagen, Eiche oder Mahagoni, mussten oftmals zusätzlich gedämpft werden, um den Krümmungen der Außenhaut folgen zu können. Zwischen die Lagen wurden in Leinöl oder Bleiweiß getränkte Leinentücher gelegt, um Hohlräume zu füllen, die Dichtigkeit zu verbessern und Fäulnis zu verhindern. Die Lagen wurden zudem mit unzähligen Kupfernieten »dicht an dicht« vernietet – eine aufwändige, aber für damalige Verhältnisse hochfeste Bauweise, die zum Beispiel beim Bau alter Marinebarkassen angewandt wurde.

Innenansicht einer formverleimten Außenhaut

Der Nachteil dieser Bauweise liegt jedoch nahe: In Ermangelung jeglicher Leime, nur durch kraftschlüssige Verbindungen, d. h. Vernietungen, zusammengehalten, lösten sich die Lagen im Laufe der Zeit voneinander. Wasser drang in die Zwischenräume und führte zu Fäulnis.

Diese Bauart, bei der Plankenstreifen über ein Spanten- oder Mallengerippe gebogen werden, wurde früher Diagonal,- Doppel- oder Dreifachdiagonal-Bauweise genannt.

Heute nennen wir das Verfahren »Formverleimung«. Sie zählt mit Sicherheit zu den aufwendigsten und teuersten Holzbauweisen, ist jedoch an Effizienz bezüglich der Rumpffestigkeit und Gewichtsersparnis kaum zu übertreffen. Die hohe Festigkeit wird durch die nicht wie bei allen anderen vorgenannten Bauweisen parallel, sondern aufgrund der Anordnung der Furnierstreifen kreuzweise verlaufenden Holzfasern erzielt. Bei der Formverleimung sind die Fasern im 45°-Winkel zueinander »gesperrt« (wie »Sperrholz«), wobei die letzte Lage aus ästhetischen Gründen horizontal verlegt wird.

Aufgrund der hohen Festigkeit der Außenhaut kann bei dieser Bauart an den Dimensionen des Spantwerks und an der Außenhautdicke Gewicht eingespart werden.

Für die Erstellung eines formverleimten Rumpfes wird ein Mallengerüst *(vgl. »Abmallen«, in: Auswechseln von Karweelplanken, S. 49)* benötigt, in dem Kiel und Steven, evtl. auch Stringer, bereits eingelassen sind. Beim heutigen Verfahren werden zusätzlich auf den Mallen in ca. 200 mm Abstand, je nach Bootsgröße, Sentlatten befestigt, um die Form des Rumpfes in Längsrichtung zu bilden.

Über diese Sentlatten wird dann, etwa mittschiffs beginnend, die erste Lage Furnierstreifen in 45°-Neigung zur Wasserlinie mit Tackern auf die Mallen geheftet. Die zweite Lage wird mit Klebeharz in entgegengesetzter 45°-Richtung zur Wasserlinie auf die erste

Beim Verfahren der Formverleimung wird möglichst »Kiel-oben« gearbeitet

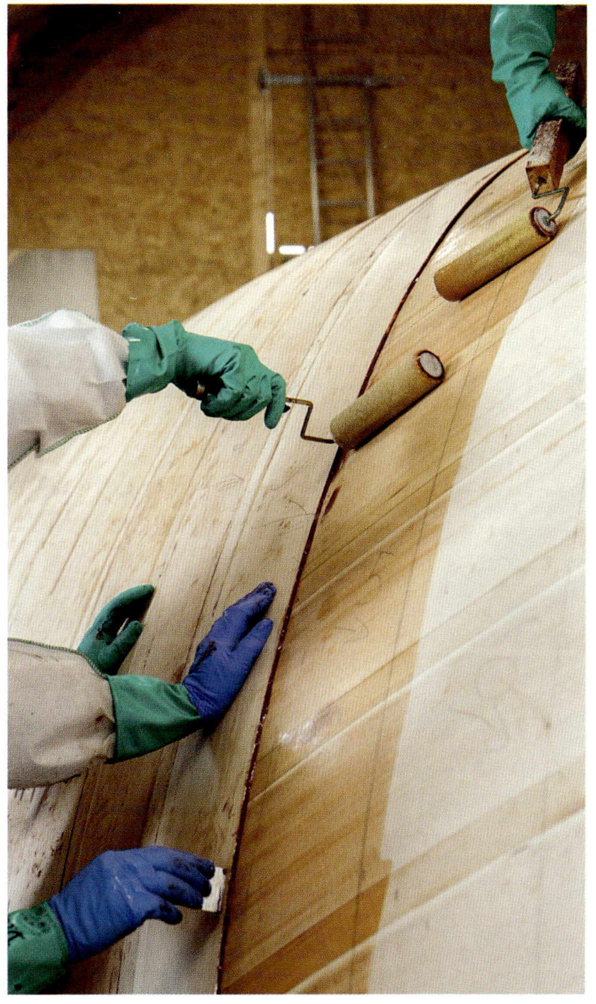

Auftragen des Klebeharzes bei der modernen Forverleimung

Lage getackert. Dabei wird von der Mitte aus nach vorn und achtern durchgearbeitet.

Die Furnierstreifen müssen durch die Rundung des Rumpfes aneinandergepasst werden. Nach Aushärtung der ersten zwei Furnierlagen ist der Rumpf schon »formstabil«. Die ausgehärtete Kleberschicht zwischen der ersten und der zweiten Lage bietet eine luftdichte Schicht, die erforderlich ist, um die letzte Lage im Vakuumverfahren verkleben zu können.

Die letzte, äußere Lage wird im Vakuumverfahren aufgezogen, um Tackerlöcher zu vermeiden. An manchen formverleimten Mahagonirümpfen aus früheren Jahren sind an der Außenhaut unzählige kleine schwarze Punkte erkennbar, die von den Tackerklammern stammen. Damals war die Vakuumtechnik noch nicht so weit fortgeschritten und man hat die Pünktchen angesichts des großen Vorteils des mit Resorcinharzleim formverleimten festen und dichten Rumpfes in Kauf genommen.

Ein Nachteil der Formverleimung ist der Reparaturaufwand. Zur Ausbesserung eines noch so kleinen Durchstoßes durch die Außenhaut muss eine unverhältnismäßig große Fläche der mehrfach verleimten Außenhaut freigelegt und in ihrer Struktur neu aufgebaut werden.

Nichtsdestoweniger bietet die Formverleimung eine Möglichkeit, im Laufe der Zeit weich gewordene klassische Yachten wieder zum »aktiven Leben« zu erwecken. Durch die enorme statische Festigkeit einer Dreifach-Diagonal-Beplankung kann ein weicher Rumpf sogar steifer werden als zuvor.

Starke Beschädigung an einer formverleimten Außenhaut

Klinkerbeplankung

Die Klinkerbeplankung ist die älteste Beplankungsart in den nordeuropäischen Breiten. Bereits die Wikinger beherrschten vor Jahrhunderten diese Technik der Bootsbeplankung. Sie waren damit in der Lage, ausreichend dichte und feste Rümpfe in Klinkerbauweise herzustellen, mit denen sie sogar den Nordatlantik überquerten. Bei dieser Bauart werden die Planken, von unten beginnend und dachziegelartig überlappend, durch Kupfernägel (damals Eisennägel) miteinander verbunden.

Das wohl bekannteste Beispiel der Klinkerbeplankung im Yachtbereich ist das Folkeboot, einst eine der größten Kielbootklassen weltweit. Auch heute noch werden Folkebootrümpfe, die zumindest in ihrer äußeren Anmutung an die traditionelle Klinkerbauweise erinnern, aus glasfaserverstärktem Kunststoff (GFK) hergestellt.

Die Verbindung der Planken untereinander verleiht dem Rumpf eine hohe Festigkeit, da

Klinkerbeplankung, Außenansicht

Klinkerbeplankung, Innenansicht

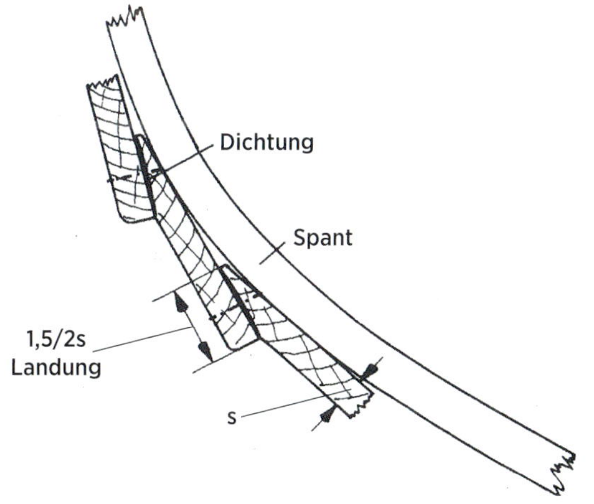

Landung mit Dichtung

sich die Planken nicht gegeneinander verschieben können. Die geklinkerten Boote werden in der Regel in sogenannter Schalenbauweise hergestellt. Dabei werden die Planken über Mallen (*vgl. »Abmallen«, in: Auswechseln von Karweelplanken, S. 49*) gebogen, an den bereits vorhandenen Bauteilen Steven/Spiegel, Bodenwrangen und Kiel befestigt und dabei bereits miteinander vernietet. Erst nach dem Vernieten des obersten Plankenganges wird das Mallengerüst nach und nach entfernt. Die Spanten werden gedämpft und eingebogen und mit Kupfernägeln und Klinkscheiben an der jeweiligen Stelle vernietet.

Die Überlappung der Planken nennt der Fachmann »Landung« (»Lannung«). Sie sollte circa das Eineinhalbfache der Plankenstärke betragen.

An den Steven/am Spiegel laufen die Plankenenden ineinander, sodass die Außenhaut in diesen Bereichen glatt ist wie bei einem karweel geplankten Boot.

Bei der Pflege und Instandhaltung des Bootes bietet eine geklinkerte Außenhaut weniger Vorteile gegenüber der Karweelbeplankung: Die vielen Ecken, Kanten und Hohlräume unter den Spanten im Bereich der Landung bieten ideale Bedingungen für Ansammlungen von Haaren, Sand, Brotkrümeln und dergleichen, die Feuchtigkeit halten und zu Fäulnis führen können.

Auch hydrodynamisch dürften die zahlreichen Kanten an der Außenhaut eher von Nachteil sein. Dennoch hat das Erscheinungsbild eines Klinkerbootes einen ganz besonderen Charme, und es gibt nicht wenige Bootseigner, die das charakteristische »Glucksen« der Wellen an den Landungen abends im Hafen zum Einschlafen brauchen.

Dichtigkeitsprobleme

Vor allem Folkeboote haben oft ein bewegtes Regattaleben hinter sich oder werden noch aktiv zum Regattasegeln eingesetzt. Durch die erhöhte Belastung (und auch durch Alterung) kann es im Laufe der Zeit zu Dichtigkeitsproblemen kommen. Auch die fest gebauten Klinkerboote können »weichgesegelt« werden, sodass sich die Verbände bzw. die genieteten Verbindungen der Planken lösen und die Boote zunehmend lecken.

Hier ist eine karweel geplankte Außenhaut im Vorteil, bei der man durch Kalfaterung oder Ausleistung wieder eine Spannung bzw. Dichtigkeit des Rumpfes herstellen kann. Auch das

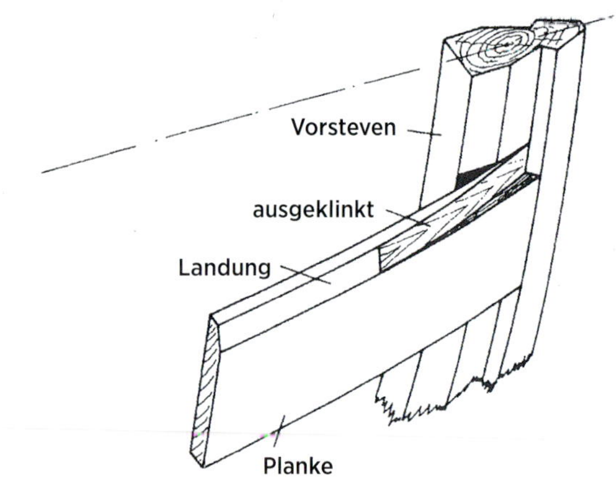

»Ausklinken« der Plankenenden

»Ausklinken« der Plankenenden

Auswechseln stramm eingepasster Planken verleiht dem Rumpf wieder Spannung.

Dies ist bei der Klinkerbeplankung nicht möglich. Würde man stramm zwischen die Planken Baumwolle treiben, würden die Planken in der Landung nur noch weiter auseinandergetrieben und die Verbindung noch weicher werden.

Stattdessen wurde früher das sogenannte »Nachnieten« bei leckenden Klinkerrümpfen

empfohlen. In der Praxis jedoch ist dies eher unbefriedigend, da erstens die gesamte Inneneinrichtung demontiert werden müsste, um an alle Nieten zu gelangen, und zweitens bei dieser Methode die außen liegenden Nietköpfe in dem meist weichen Nadelholz versenkt werden, ohne dass die Verbindung wirklich gestärkt, d. h. die Dichtigkeit erhöht wird.

Eine weitaus pragmatischere und auch wirksamere, wenn auch verhältnismäßig unschöne Methode, ein Klinkerboot abzudichten, ist das Abdichten von Klinkerbooten mit dauerelastischen Fugenmassen. Diese kann auch von einem Nicht-Fachmann kostengünstig selbst durchgeführt werden.

Abdichten von Klinkerbooten mit dauerelastischen Fugenmassen

Ehemals als »Gummikalfaterung« verachtet, ist das Abdichten von Klinkerbooten mit dauerelastischen Fugenmassen als »Notlösung« mittlerweile weit verbreitet und akzeptiert.

Eine solche Abdichtung erfolgt stets von außen. Von innen ist eine Abdichtung wenig sinnvoll, da nicht alle Stellen erreichbar sind und der Wasserdruck von außen nach innen wirkt.

Das Abdichten sollte im Frühjahr durchgeführt werden, wenn das Plankenholz trockener ist als im Herbst.

Für die Abdichtung der Landungen ist ein MS Polymer- oder Polyurethan-Produkt mit einer Haftgrundierung (Primer) besonders geeignet. Angesichts des umfangreichen Angebotes auf dem Markt wird hier auf eine Produktempfehlung verzichtet. Zu bemerken sei jedoch, dass nur Produkte eingesetzt werden sollten, die speziell für den maritimen Bereich entwickelt wurden, und dass in jedem Fall ein Primer als Haftgrundierung erforderlich ist! Auf silikonhaltige Produkte sollte unbedingt verzichtet werden, da diese keinen Haftgrund für Farbe bieten!

Für die Ausfugung müssen die Landungen entsprechend vorbereitet werden.

- Hier empfiehlt es sich, mit einem Kratzwerkzeug eine feine v-förmige Nut zwischen die Planken zu ziehen. Dies kann sowohl ein umgebogener und entsprechend v-förmig zugeschliffener Schraubendreher als auch ein speziell dafür vorgesehener Kratzer sein, wie er bei Toplicht angeboten wird (»Yacht-Schrabber«).
- Aus Gründen der Anhaftung müssen zuvor alte Farbreste restlos entfernt werden, sodass im Idealfall rohes Holz zum Vorschein kommt.
- In die vorbereitete Nut wird die Grundierung (Primer) aufgetragen.
- Nach der vorgeschriebenen Trocknungszeit kann die Fugenmasse eingebracht werden. Mithilfe einer Kartuschenpistole mit Druckluft oder Akku lässt sich ein konstanter Druck erzeugen, der eine gleichmäßige Verfugung gewährleistet. Auch mit einer Handdruckpistole lassen sich gute Ergebnisse erzielen.

  Besonders zu beachten ist beim Verfugen die richtige Dosierung der Füllmenge. Es gilt zwar, die Fugen vollständig zu füllen, jedoch soll beim Verstreichen nicht zu viel überflüssiges Material auf den Planken stehen bleiben.

  Ziel ist es, die Fuge zu füllen und mit einer Hohlkehle zwischen oberer und unterer Planke abzuschließen, ohne seitliche Ränder überstehen zu lassen.

Plankenrisse

Noch mehr als bei karweelgebauten Booten ist bei Klinkerbooten darauf zu achten, dass der Rumpf nicht zu stark austrocknet. Weil die Planken in ihrer Breite miteinander verbunden sind, können sie nicht wie bei einem karweel geplankten Boot ungehindert schrumpfen. Sie sind sozusagen »gesperrt«, wodurch eine erhöhte Gefahr der Bildung von Längsrissen entsteht.

Traditionell werden solche Risse mit einer weichen Dichtungsmasse auf Talg- oder Wachsbasis gefüllt. Wird ein Riss mit härtendem Spachtel (z. B. Epoxidharzspachtel) gefüllt, kann dieser bei Aufquellen der Planke wie ein Keil wirken und den Riss nur noch länger werden lassen.

Die sicherste und fachgerechteste Möglichkeit zur Versorgung von Plankenrissen ist auch hier die Ausleistung (*vgl. Beschreibung »Ausleisten«, S. 40 ff*).

Eine Behelfsmaßnahme im Sinne eines Provisoriums stellt die Abdichtung mit dauerelastischer Fugenmasse dar.

Sind Planken so stark gerissen oder weisen derart starke Fäulnismerkmale auf, dass sie weder notdürftig verfugt noch ausgeleistet werden können, so müssen sie erneuert werden.

Auffüllen der vorbereiteten Landungen mit Dichtungsmasse

Auswechseln von Planken an geklinkerten Booten

Auch beim Auswechseln von Planken ist die Klinkerbeplankung gegenüber der Karweelbeplankung im Nachteil.

Aufgrund der »Überlappung« der Planken von oben nach unten und des spezifischen Einlaufes am Spiegel bzw. Vorsteven ist es nahezu unmöglich, eine einzelne Planke in voller Länge zu entfernen oder einzusetzen, da diese sozusagen »eingekeilt« ist. Der Plankengang muss, da er sich nicht von unten, sondern nur von der Mitte aus horizontal in den Falz des Übergangs in den karweelen Bereich am Spiegel bzw. Steven schieben lässt, in der Länge geteilt werden. Die Verbindung der Plankenhälften in Längsrichtung wird durch ein Laschbrett oder eine Schäftung (*vgl. Beschreibung »Schäften«, S. 46*) hergestellt.

- Um eine Planke ausbauen zu können, müssen die Nietreihen an den angrenzenden Planken entfernt werden. Das Entfernen der Nietreihen geschieht von innen, indem die über die Klinkscheibe überstehenden Köpfe der vernieteten Nägel mit einer Flex abgeschliffen (Achtung: unfallträchtig!) und anschließend die Nieten mit einem Splintentreiber von innen nach außen durchgeschlagen werden.
- Bei der oberen angrenzenden Planke ist dabei besondere Vorsicht geboten: Um Ausrisse im Holz um die Nieten herum zu vermeiden, wird beim oben genannten Durchschlagen ein schlagzäher Hirnholzklotz mit einer dem Nietkopf entsprechenden Bohrung mit einem größeren Hammer von außen gegen den austretenden Nietkopf gehalten. Im Falle der unten angrenzenden Planke wird die Funktion des Hirnholzklotzes durch die schadhafte Planke selbst erfüllt.
- Statt eines Hirnholzklotzes kann auch eine Polyamidscheibe mit einer Bohrung im Zentrum verwendet werden.
- Sämtliche Verschraubungen, etwa in den Bodenwrangen, sind zu entfernen. Wenn die Planken des Bootes nicht in den Landungen verklebt sind, lässt sich das zu erneuernde Teilstück der Planke im Ganzen herauslösen und kann als Schablone für das neue Plankenstück verwendet werden.
- Sind die Planken in den Landungen verklebt, lassen sie sich nur stückweise entfernen, indem Teilstücke zwischen den Spanten mit der Stichsäge herausgeschnitten und die Reste anschließend vorsichtig mit dem Stecheisen von den verbleibenden Planken abgestochen werden.
- Hat man keine brauchbare, in ihrer Kontur erhaltene Planke als Schablone herauslösen können, muss wie beim »Abmallen« von karweelen Planken ein Ree angefertigt und die Planke abgemallt werden (*vgl. »Abmallen«, in: Das Auswechseln von Karweelplanken, S. 49*).
- Ist das Plankenstück ausgeschnitten und auf seine spezifische Stärke gehobelt, kann mit dem Einpassen begonnen werden.
- An der Unterseite muss die Planke nicht geschmiegt werden. Die geschmiegte Landung zwischen zwei Planken ist immer außen an die Oberkante der jeweils unteren Planke gehobelt. Es muss folglich die obere Landung des neu einzusetzenden Plankenstückes außen mit der entsprechenden Schmiege versehen werden. Mit einem Simshobel, der an einer Anschlagleiste parallel geführt wird, müssen die gefälzten Einläufe im Stevenbereich mit drehender Schmiege und spitzem Auslauf angehobelt werden.
- Wenn die Planke nach mehrfachem Einpassen gut sitzt, ist es ratsam, sie vor dem Einbau zumindest von der Innenseite zu konservieren.

Vernieten von Planken und Spanten

Auch die Nietverbindung wurde bereits von den Wikingern eingesetzt. Statt der damaligen Eisennägel werden heutzutage Nietverbindungen aus Kupfer bevorzugt, da diese weniger korrosionsanfällig sind.

Die Nietverbindung besteht aus einem sogenannten »Bootsnagel« und einer gelochten konischen Scheibe, die Klinkscheibe oder auch Gatchen genannt wird und stramm auf den Nagel passen soll.

Als Werkzeug zum Nieten benötigt man...

- einen nicht zu großen Niethammer
- eine Nietenflöte zum Aufziehen der Gatchen
- eine Beißzange sowie einen Splintentreiber passender Größe
- ein Gewicht, einen »Gegenhalter«, der schwerer ist als der Niethammer.

Das Bohren der Nietlöcher geschieht sinnvollerweise von innen, da die alten Bohrungen in Planken und Spanten wiederverwendet werden sollen. Die Bohrungen werden so dimensioniert, dass der Nagel stramm sitzt, Planke und Spant aber nicht spaltet.

- Außen werden die Bohrungen nach Bedarf mit Pfropfenlöchern versehen oder – besser – mit einem Senkbohrer aufgesenkt und später verkittet.
- Die Nägel werden nun von außen in die Bohrungen geschlagen und mit dem Splintentreiber oder Senkdorn kräftig nachgesetzt. Sinnvoll ist es, Senkung und Bohrung zuvor mit verdünntem Lack oder Öl zu konservieren, weil sich sonst sehr schnell schwarze Stellen im Plankenholz um die Bohrung herum bilden können.
- Von innen wird nun mit der Nietenflöte die konische Scheibe aufgezogen, wobei von außen

Nietwerkzeug

Setzen der Nietbohrungen in den Spant

Aufziehen einer Klinkscheibe

Abkneifen eines herausstehenden Kupferniets

der »Gegenhalter« verhindert, dass der Nagel dabei wieder zurückgeschlagen wird.

- Mit der Beißzange wird der innen überstehende Nagel kurz über dem Gatchen abgekniffen und das Vernieten kann beginnen, nicht ohne dass von außen gegengehalten wird.
- Mit leichten, aber bestimmten Schlägen aus dem Handgelenk wird der überstehende Nagel nun zu einem Kopf geformt (geschlagen). Wichtig ist hierbei, dass das konisch geformte Gatchen seine Hütchenform in etwa behält und nicht plattgeschlagen wird!

Die konischen Klinkscheiben dürfen beim Vernieten nicht plattgehauen werden!

2.3 QUERVERBÄNDE, SPANTEN, BODENWRANGEN

Zu den wichtigsten Querverbänden eines Bootsrumpfes gehören die Spanten und Bodenwrangen in den unteren Bereichen. Im Decksbereich sollen die Decksbalken für die notwendige Querfestigkeit eines Bootes sorgen. Das Zusammenwirken dieser Verbände verleiht den Bootsrumpf die Festigkeit eines »Kastenträgers«.

»Spantengerippe«

Spanten und Bodenwrangen treten in unterschiedlichen Erscheinungsformen auf.

2.3.1 SPANTEN

Gesägte und gebaute Spanten

Vorbereitete verleimte Spanten

Diese Art von Spanten wird aus massivem Holz (meist Eichenholz) der Rumpfkontur folgend geschnitten. Damit der Faserverlauf der Bootsform möglichst genau entspricht, wird hier ausgesuchtes Krummholz verwendet. Da auch die Krummhölzer nur bedingt der Bootsform entsprechen, müssen die Spanten in der Regel aus mehreren Stücken zusammengesetzt, d. h. »gebaut« werden. Auf Kuttern, Arbeitsseglern oder auch Colin Archern sind die Spanten als Doppelspanten stoßversetzt verbaut, mit der Außenhaut vernietet und miteinander vernagelt bzw. verbolzt worden.

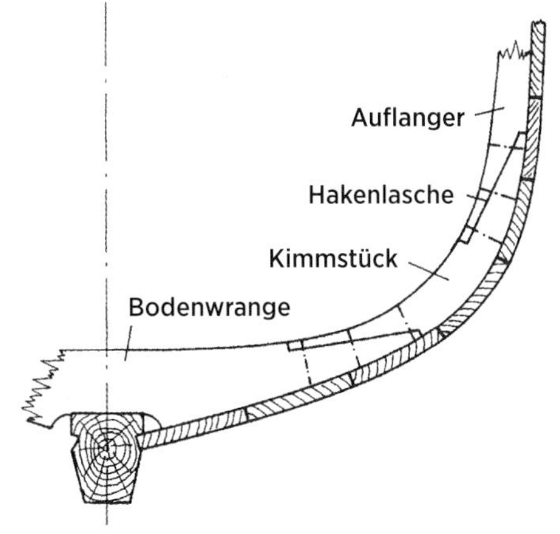

Gebauter Spant mit Hakenlaschen

Diese Bauweise hat durchaus ihre Schwächen: Weder wird hier ein durchgehender Faserverlauf erzielt, noch tragen die zahlreichen Verbindungen zur Festigkeit bei. Man hat diese Schwächen durch eine hohe Spantdichte, also geringen Spantabstand, ausgeglichen, was zu einer Erhöhung des Gesamtgewichtes führte.

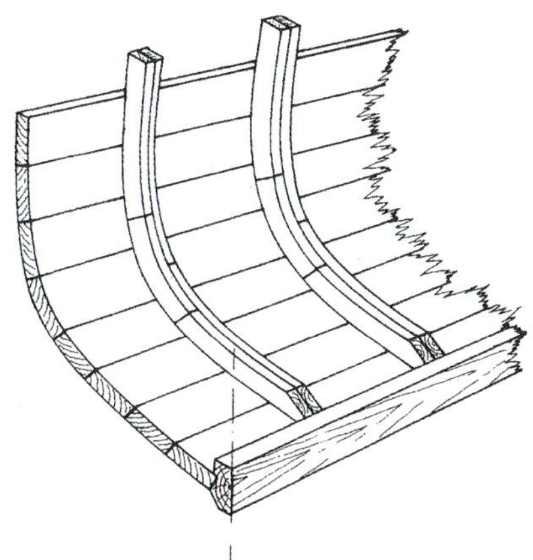

Gebaute Doppelspanten

Zusammengesetzte gebaute Spanten

Gebaute Spanten in einem Colin Archer

An den Stößen der Spantteile lassen sich häufig erhebliche Fäulnisschäden feststellen, die durch die Eisennägel oder Bolzen der Querverbindung noch verschlimmert werden.

Glücklicherweise ist diese Bauart auf klassischen Yachten nur sehr selten zu finden. Häufiger ist hier eine Mischung aus gebauten und mittels Dämpfung eingebogenen Spanten vorhanden. Meist liegen zwischen zwei gebauten Spanten zwei eingebogene Spanten. Die gebauten Spanten haben deutlich größere Querschnitte.

Eingebogene Spanten

Der Vorteil eingebogener Spanten ist ein optimaler Faserverlauf, der einen geringeren Querschnitt als bei gebauten Spanten und somit Gewichtsersparnis ermöglicht. Ein weiterer Vorteil der eingebogenen Spanten ist, dass es keinerlei Verbindungen innerhalb des Spants gibt, die sich lösen können oder innerhalb derer sich Fäulnis ausbreiten kann.

Beim Bau einer Yacht mit ausschließlich eingebogenen Spanten wird der Rumpf in Schalenbauweise hergestellt, d. h. der Rumpf wird über »Mallen« (provisorische Querschablonen), die die Form des Bootes vorgeben, geplankt (*vgl. »Abmallen«, in: Das Auswechseln von Karweelplanken, S. 49*). Zwischen die Mallen werden dann die Spanten gesetzt. Um die Spanten in die Form eines S- oder U-Spants biegen zu können, müssen sie meist gedämpft werden (*vgl. Beschreibung des Dämpfens, in: Herstellung eingebogener, gedämpfter Spanten, S. 63 ff*). Die frisch aus der Dampfkiste genommenen Spanten werden in den Kielbalken in die dafür vorgesehene Spanttaschen gesteckt und in Form gepresst, bis der jeweilige

Spant eng an der Außenhaut anliegt. Noch im warmen und weichen Zustand des Spants werden die Kupfernägel durch den Spant getrieben und vernietet.

Beim Biegen und Vernieten der Spanten besteht die Gefahr, dass es in engen Krümmungen zu Querbrüchen kommt, die erst nach einiger Zeit sichtbar werden. Meist befinden sich diese Brüche in der sogenannten Gillung, der stärksten Krümmung eines Spantes. Folkebootbesitzern sind diese Brüche wohlbekannt.

Natürlich können Spantenbrüche auch durch Wuchsfehler im Holz oder Überbelastung wie heftiges Einsetzen in die See oder durch Havarien entstehen. Einige wenige Brüche in den Spanten kann ein Bootsrumpf sicherlich verkraften. Sollten jedoch mehrere Spanten auf der gleichen Höhe gebrochen sein, besteht dringender Handlungsbedarf, da hier eine gravierende Beeinträchtigung der Festigkeit vorliegt.

Für eingebogene, gedämpfte Spanten wird bevorzugt Eichen- oder Eschenholz verwendet, wobei Esche elastischer, jedoch weniger dauerhaft und fäulnisresistent ist als Eiche.

Die Spantfüße eingebogener Spanten stecken in den dafür vorgesehenen und vorbereiteten Spanttaschen im Kiel (Achtung: Erhöhte Fäulnisgefahr durch Bildung sogenannter »Feuchtigkeitsnester«!)

Eingebogene Spanten

Eingebogene Spanten

Lamellierte Spanten

Delamellierte Spanten

Lamellierte Spanten

Lamellierte Spanten haben den Vorteil eines optimalen Faserverlaufs. Wuchsfehler im Holz wie z. B. Äste oder Windrisse treten hier nicht auf. Das führt zu einem hohen Maß an Festigkeit, die es ermöglicht, die Dimensionierung noch geringer zu gestalten als bei eingebogenen Spanten.

In den 1960er-Jahren entstanden die ersten Boote dieser Bauweise, bei der die Lamellen der Spanten über ein Blockmodell verleimt wurden, dessen Kontur dem Spantenriss entnommen war.

Häufig wurde Kauritleim verwendet, der annähernd wasserklar aushärtet, was die Leimfuge nahezu unsichtbar macht. Eine andere Möglichkeit boten Resorcinharzleime, deren Leimfugen dunkelbraun sichtbar sind. Dieser Leim wird auch heute noch von einzelnen Yachtwerften anstelle von Epoxidharz verarbeitet.

Leider ist immer wieder festzustellen, dass sich bei diesen Leimen, im Besonderen beim Kauritleim, im Laufe der Zeit die Leimverbindungen lösen können. Dies ist nicht nur bedingt durch den Alterungsprozess des Leimes selbst, sondern es gibt darüber hinaus Holzsorten, die sich aufgrund ihres Gerbsäuregehaltes ausgesprochen schlecht verleimen lassen. Dazu gehört neben Teakholz auch Eiche. Der alte Bootsbauerspruch »Eiche auf Eiche leimt nicht" hat durchaus seine Berechtigung.

Es sind jedoch auch Kauritverleimungen bekannt, die mit unproblematischen Hölzern wie z. B. Spruce beim Mastenbau auch nach 70 Jahren noch keine geöffneten Leimnähte zeigen.

Heute wird für die Herstellung formverleimter Bauteile meist Epoxidharz verwendet.

In den meisten Fällen von sich lösenden Leimverbindungen bei lamellierten Spanten wurde Eichenholz verarbeitet. Häufig wurde für die Lamellen auch Mahagoni verwendet, was sich im Allgemeinen als unproblematischer, d. h. »leimfähiger«, erwiesen hat. Auch die verleimten Mahagonispanten sollten jedoch einmal kritisch unter die Lupe genommen werden, insbesondere die Spantfüße im feuchten Bilgebereich.

Schon mancher Verkauf einer klassischen Yacht wurde durch offene Leimnähte bei verleimten Spanten vereitelt.

Oftmals ist es möglich, in die offenen Leimnähte partiell Epoxidharz zu injizieren, sofern die Holzfeuchte unter 15 % liegt. Sollte jedoch festgestellt werden, dass nahezu jeder Spant an mehreren Stellen offene Leimfugen aufweist, ist das Problem schon ein größeres: Das Boot müsste entkernt und jeder Spant ersetzt werden.

Stahlspanten

Durch die Verwendung von Stahlspanten sollte ehemals, gerade bei größeren, schnellen Schiffen wie z. B. 12 mR-Yachten, die Festigkeit des Rumpfes erhöht werden. Dieser Ansatz mochte für Neubauten sinnvoll gewesen sein, mit zunehmendem Alter der Schiffe jedoch trieb die Korrosion an den Eisenverschraubungen der Planken-Spant-Verbindungen vermehrt ihr Unwesen. Durch die Verpfropfungen in der Beplankung drang im Laufe der Zeit Feuchtigkeit, die zu einer starken Korrosionsentwicklung zunächst am Schraubenkopf und weiter bis in den Schaft der Schraube führte. Langfristig setzt die durch den Korrosionsprozess entstehende Rostlösung dem Holz der Beplankung zu und kann zu gravierenden Fäulnisschäden führen, wenn keine Gegenmaßnahmen eingeleitet werden.

Die ersten Anzeichen von Korrosion an metallischen Verbindungen wie Schrauben, Nägeln oder Nieten (auch Kupfer!) an der Außenhaut sind heraustretende Pfropfen an farbigen Rümpfen bzw. schwarze, in Faserverlauf oval geformte Stellen an naturlackierten Rümpfen (*vgl. Kap. 1.3, Korrosion an hölzernen Yachten, S. 14 ff*).

Von Korrosion befallene Verbindungsmittel sollten umgehend durch Bolzen aus rostfreiem Edelstahl ersetzt und das umgebende Holz sorgfältig, bestenfalls mit G4 oder IMP (erhältlich bei Toplicht), konserviert werden. Ein weiteres Problem von Stahlspanten stellt die Anlagefläche innen an der Außenhaut dar. Durch den im Verhältnis zum Holz niedrigeren Taupunkt des Stahls kondensiert Feuchtigkeit an dem kalten Stahl und kann langfristig zu Fäulnis in der Beplankung unter dem Spant führen.

Natürlich neigen auch Stahlspanten an sich zu Korrosion bis hin zur völligen Durchrostung oder »blätterteigartigen« Zersetzungen.

Korrodiertes (A&R-typisches) Diagonalband

Um dem entgegenzuwirken, sollten die Stahlteile so gut es geht konserviert werden. Bewährt hat sich hier Owatrol-Öl (bzw. CIP), das gute Konservierungs- und Kriecheigenschaften besitzt und hoffentlich auch bis in die schwer zugänglichen Bereiche gelangt. Vollständig korrodierte Eisenteile im Rumpf sind zu erneuern. Eine andere Möglichkeit, Stahlteile zu konservieren, ist die Beschichtung mit Teer-Epoxidharz (International VC. TAR).

Das Ersetzen von Stahlspanten ist für den Laien fast unmöglich. Bei manchen Booten sind deshalb ein Großteil der Stahlspanten durch lamellierte Holzspanten ersetzt worden, was auch im Hinblick auf korrodierende Schrauben eine sinnvolle Lösung sein kann.

Korrodierte Spanten

Im Vordergrund: korrodierte Spanten

Mit Teer-Epoxidharz konservierter Stahlspant mit Verschraubung aus rostfreiem Stahl

2.3.2 REPARATUR VON HOLZSPANTEN

Je nach Zustand des betroffenen Spants ist zu entscheiden, ob der gesamte Spant erneuert werden muss oder ob eine partielle Reparatur ausreicht. Meist handelt es sich um einzelne Brüche in der Kimm oder in der Gillung, die nicht über die ganze Länge erneuert werden müssen.

Gebrochener Holzspant

Bei eingebogenen, gedämpften Spanten stellt sich die Frage, ob diese entsprechend ihrer Originalbauweise vollständig durch einen neuen eingebogenen Spant ersetzt werden müssen, oder ob hier stattdessen (lamellierte) Teilstücke eingesetzt werden können. Es ist nämlich äußerst anspruchsvoll, in einem geschlossenen Boot gedämpfte Spanten, die ursprünglich im offenen Zustand eingesetzt worden sind, einbiegen zu wollen.

»Gesisterte« Spanten

Eine andere und mittlerweile anerkannte Möglichkeit zur Reparatur besteht darin, den beschädigten Spant zu »sistern«, indem man ein »Verstärkungsstück« neben die Bruch- bzw. Schadstelle setzt.

Weitaus eleganter ist das Einschäften eines Teilstücks in den Spant, wobei die Teilstücke mindestens über zwei Planken reichen sollten. Eine Schäftung nach Vorschrift sollte mindestens die acht- bis zehnfache Länge der Spantdicke betragen (*vgl. das obere Bild, S.46*), dies ist in der Praxis jedoch schwer einzuhalten. Hier muss ein vernünftiges Maß der Machbarkeit entscheiden. Zur Einhaltung der Schäftungslänge und zur Erleichterung des Anschnittes sowie des Zusammenfügens ist es vorteilhaft, statt einer Horizontal-Schäftung eine Schäftung in der Vertikalen vorzunehmen.

Spantschäftung in horizontaler Richtung

Spantschäftung in vertikaler Richtung

Bei Neubauten lässt sich die Methode des Lamellierens »vor Ort im Schiff« leichter anwenden, da hier von außen noch keine Beplankung vorhanden ist und Schraubzwingen gesetzt werden können

Zum Anschneiden der Schäftung am verbliebenen Spantstück im Schiff eignet sich der Fein Multimaster in Verbindung mit einem guten, scharfen Stecheisen. Die Schäftung wird mit Epoxidharz verklebt und, je nach Bauart des Bootes, vernietet oder verschraubt.

Herstellung lamellierter Reparaturspanten

Möchte man sich das Abnehmen der Spantkontur zur Herstellung eines Reparaturstückes ersparen, so ist es möglich, die Lamellen im Schiff direkt neben dem betroffenen Spant zu verleimen.

- Hierzu wird zunächst der Bereich der als Vorlage für die Kontur dienenden Planken mit Folie abgedeckt.
- Jede Lamelle wird mit Leim oder Epoxidharz beidseitig bestrichen und
- anschließend mit einem Elektrotacker Lamelle auf Lamelle getackert.
- Nach Aushärten der Verklebung behält das Spantstück seine Form und kann weiter angepasst und bearbeitet werden.

Das Lamellieren »vor Ort im Schiff« ohne Herstellen einer Leimform ist jedoch ein gewagtes Unterfangen und kann leicht in ein »Epoxidharz-Desaster« ausarten.

Weitaus sicherer und zur Herstellung längerer Spantabschnitte oder gar vollständiger Spanten ist es, die Spantkontur an der betroffenen Stelle am Rumpf abzunehmen und eine Leimform für das Lamellieren herzustellen. Hierfür kann entweder eine sogenannte Gliederkette verwendet werden, bei der die Flügelmuttern der einzelnen Kettenglieder entsprechend fixiert werden, oder eine selbst hergestellte »Harfe«.

Gliederkette

Die Kontur wird auf eine Platte übertragen, auf der sogenannte »Knaggen« (Holzklötze) in ausreichender Höhe entlang der Spantkontur (z. B. mit Spaxschrauben) befestigt werden.

Auch ein hölzernes Blockmodell, der Spantkontur folgend ausgeschnitten, ist sinnvoll.

Harfe

Für die Herstellung lamellierter Spanten eignet sich Mahagoni sehr gut.

Es ist sinnvoll, als erstes eine »Opferlamelle« ohne Leim gegen die Knaggen zu legen, um Druckstellen zu vermeiden, den Strak zu verbessern und Brüche in der ersten Spantlamelle zu vermeiden.

Bei der Anzahl und Dicke der Lamellen, die die Höhe des auszutauschenden Spants vorgeben, ist darauf zu achten, dass Spanten in den vorderen und hinteren Rumpfbereichen eine Spantschmiege erhalten, also ein Schmiegenmaß der Höhe zugegeben wird.

Spantschablone für eine gesamte Spantlänge

Die Lamellen dürfen, dem Biegeradius entsprechend, nicht zu dick gewählt werden, damit sie beim Einbiegen nicht brechen. Andererseits dürfen sie jedoch auch nicht zu dünn werden, da dies den Arbeitsaufwand sowie den Leimverbrauch unnötig erhöhen würde.

Platte mit auf die Spantkontur geschraubten Knaggen

Verleimte Spantlamellen

Eingebogene, gedämpfte Spanten in einem Schärenkreuzer

- Beim Verleimen der Lamellen mithilfe einer hölzernen Leimform werden die einzelnen Lamellen beidseitig mit Epoxidharz oder Holzleim bestrichen und durch Schraubzwingen in die Form bzw. auf die Knaggen gepresst.
- Durch die Verklebung der einzelnen Lamellen sowie durch den linearen, der Spantkontur exakt folgenden Faserverlauf erhält der Spant eine hohe Festigkeit und Formtreue.
- Nach dem Entfernen des neu hergestellten Spants aus der Form müssen die Klebereste entfernt und beide Seitenflächen des Spants gehobelt werden.

Herstellung eingebogener, gedämpfter Spanten

Eingebogene Spanten müssen in der Regel gedämpft werden, um der Kontur des Rumpfes ohne Querbrüche folgen zu können.

Geeignete Holzsorten für die Herstellung gedämpfter Spanten sind Esche und Eiche. Bei der Holzauswahl ist auf einen sauberen Wuchs und Astfreiheit zu achten.

Durch die Wärmeeinwirkung beim Dämpfen wird das Lignin, das sozusagen den »Mörtel« zwischen den Zellen des Holzes darstellt, weich. Das Holz wird auf diese Weise biegsam, nach dem Erkalten behält es seine neue Form annähernd bei.

Eine Dampfkiste ist schnell aus Sperrholz »zusammengezimmert«: im Querschnitt ca. 10 x 15 cm. Die Länge ergibt sich aus der Länge der Spanten.

- Zur Erzeugung einer ausreichenden Menge an Dampf ist ein feuerfester Topf mit 20–30 l Wasser ausreichend. Die Wärmequelle kann elektrisch (Heizplatte) oder Gas (Gasbrenner) sein. Der Kreativität sind hier keine Grenzen gesetzt. Auch ein schräg aufgebocktes Eisenrohr, zu einem Viertel mit Wasser gefüllt und mit einem Feuer darunter, erfüllt seinen Zweck, sofern der Dampf reichlich und sehr heiß ist.
- Eine Faustregel für die Dämpfdauer sagt: pro Zoll (1 Zoll = 2,54 cm) eine Stunde, d. h. ein Spant von 25 mm Dicke sollte ca. eine Stunde im Dampf bleiben.

Dampfkiste

Dampfkiste

Nach dem Herausnehmen des gedämpften Holzteiles aus der Dampfkiste lässt sich das Holz über einen Zeitraum von ca. 20 Minuten optimal formen. Es muss also zügig gearbeitet werden, wobei es oftmals eine technische Herausforderung ist, den einzubiegenden Spant mit Stützen und Keilen zu fixieren und auf engstem Raum in die richtige Position zu bringen.

Bei einem offenen Boot wird der heiße Spant gegen Distanzhölzer am Kiel gestellt, eingebogen und an der Oberkante des Scherganges (oberste Planke) mit einem Keil und einer Schraubzwinge fixiert. Erst durch einen »Schlag auf den Kopf« legt sich der Spant an die Form und passt sich an die jeweiligen Schmiegen an.

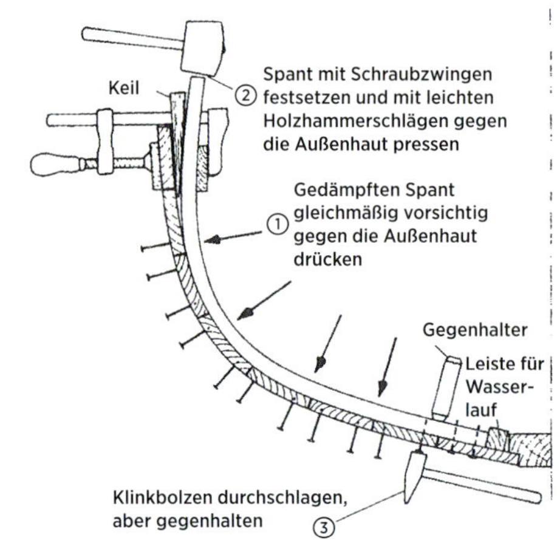

Einbiegen gedämpfter Spanten

In einem geschlossenen Boot gestaltet sich der Einbau gedämpfter Spanten von ganzer Länge schwieriger: Hier müssen die Längen der

Spanteneinbau

Spanteneinbau

Hölzerne Bodenwrangen in einem Schärenkreuzer

einzubiegenden Spanten exakt bestimmt werden. Dabei ist es unter Umständen gar nicht möglich, einen Spant vollständiger Länge unter Deck einzubringen. Das Lamellieren (*vgl. S. 72*) stellt in diesen Fällen eine wenn auch nicht ganz originalgetreue, so doch handwerklich leichter durchführbare und bezüglich der Festigkeit vorteilhaftere Variante dar.

Es ist ratsam, im Voraus einige Spanten mehr als notwendig zuzuschneiden. Möglicherweise bedarf es zunächst ein wenig Übung, bis die Arbeit gelingt. Zum Teil können unentdeckte Wuchsfehler zu einem Brechen der Spanten beim Einbiegen führen. Es ist sinnvoll, den Spant nach dem Erkalten abzunehmen und zu putzen, an der Außenseite zu konservieren und gegebenenfalls auch gleich zu lackieren, bevor er eingeklebt, vernietet oder verschraubt wird.

2.3.3 BODENWRANGEN

Bodenwrangen sollen die Verbindungen zwischen Kielbalken und Beplankung herstellen und somit zur Querfestigkeit des Bootes beitragen. Im Kielbereich müssen sie auch die Hebelkräfte des Ballastkiels aufnehmen und auf den Rumpf übertragen.

Durch die Mitte der Bodenwrangen führen die Kielbolzen, die die Verbindung zwischen Ballast und Rumpf herstellen. Seitlich der Kielbolzen sind durch Kielbalken und Bodenwrange Bodenwrangenbolzen geführt. Von außen sind die Bodenwrangen mit den Planken durch Schrauben, leider in manchen Fällen auch durch Nägel, verbunden.

Die meisten Yachtbesitzer sorgen sich zu Recht um ihre Kielbolzen, schenken aber den

Bodenwrangenbolzen weniger Beachtung. Diese sind, sofern sie aus Eisen sind, aufgrund der Gerbsäure des Eichenholzes gleichermaßen korrosionsgefährdet. Denkt man also daran, die Kielbolzen zu erneuern, sollten die Bodenwrangenbolzen nicht vergessen werden. Zur Überprüfung bzw. Erneuerung der Bodenwrangenbolzen muss die Kielsohle freigelegt werden, um Zugang zu den Bolzen im Kielbalken zu erlangen.

Stahlbodenwrangen sind ungleich gefährdeter als Stahlspanten, da sie in den wesentlich feuchteren Bereichen der Bilge ihrer Aufgabe als Sicherung der Querfestigkeit und Aufnahme der Kielbolzen nachkommen müssen. Bei starker Durchrostung sollte das Problem nicht zu lange hinausgeschoben werden.

Um der Gefahr der Korrosion von Stahlbodenwrangen und -spanten vorzubeugen, werden bei Nachbauten klassischer Yachten heutzutage Bodenwrangen und Spanten aus rostfreiem Edelstahl hergestellt (moderner Kompositbau).

Korrodierte Stahlbodenwrange

Moderner Kompositbau

Holzspanten und Edelstahl-Spanten im Wechsel

Holzspanten und Edelstahl-Spanten im Wechsel

Durch den Einsatz von Edelstahl-Spanten und -Bodenwrangen im modernen Kompositbau wird die Querfestigkeit des Rumpfes erhöht und die Korrosionsgefahr minimiert

2.3.4 REPARATUR HÖLZERNER BODENWRANGEN

Hölzerne Bodenwrangen sind im nordeuropäischen Yachtbau fast ausschließlich aus Eichenholz hergestellt worden. Da für die Wrangen große Holzbreiten erforderlich waren, wurden zum Teil kleine Holzfehler wie z. B. Astbildungen in Kauf genommen. Diese können sich nach Jahren als Faulstellen im Holz auswirken und müssen gegebenenfalls instandgesetzt werden. Sind partielle Mängel vorhanden, die die Struktur der Wrange nicht beeinträchtigen, können lokale Reparaturen in Form von Ausspunden durchgeführt werden. Kleinere Rissbildungen können ebenfalls mit angedicktem Epoxidharz (+ Microfibres) aufgefüllt werden, sofern die Holzfeuchte unter 15 % liegt. Ist eine Wrange nicht mehr zu retten, muss sie erneuert werden, um auch weiterhin die Rumpffestigkeit zu gewährleisten.

Ist eine Bodenwrange derart beschädigt, dass sie vollständig erneuert werden muss, ist es hilfreich, wenn sich die geschädigte Wrange in einem Stück ausbauen lässt, um als Modell für die neue dienen zu können. Von Vorteil ist es ebenfalls, wenn die Wrange von außen mit der Beplankung verschraubt ist und Bronzeschrauben verwendet wurden, die nicht entzinken und somit korrosionsbeständiger sind als z. B. Messingschrauben. Die Messingschrauben aus den 1960er-Jahren besitzen heutzutage in den meisten Fällen keine Festigkeit mehr, sodass beim Ansetzen des Schraubendrehers unter Umständen eine Hälfte des Kopfes abplatzt. Hier bietet ein Kronenbohrer die Möglichkeit, die beschädigte Schraube auszubohren (*vgl. Kronenbohrer, in: Kap. 2.1 Kiele, Steven und ihre Verbindungen, S. 31*). Im schlimmsten Fall sind die Wrangen mittels eiserner Nägel mit den Planken vernagelt. Einen verzinkten Nagel aus Eichenholz zu entfernen, ist nahezu unmöglich. Lässt sich die Verschraubung nicht mit normalen Mitteln lösen, bleibt nur noch, die geschädigte Wrange zu zerstören.

Ist die Bodenwrange zusätzlich mit Bodenwrangenbolzen befestigt, müssen diese ebenfalls gelöst bzw. erneuert werden. Um Zugang zu den Bodenwrangenbolzen im Kielbalken zu erlangen, ist wie bereits oben beschrieben eine Freilegung der Kielsohle (= Demontage des Ballastes) erforderlich.

- Für die Herstellung einer neuen Bodenwrange ist ein Modell anzufertigen, das auf das Holz der neuen Wrange übertragen wird.
- Die unterschiedlichen Schmiegen werden mittels Schmiegstock auf ein Schmiegenbrett übertragen.
- Die Wrange kann nun ausgeschnitten werden, je nach Dicke am besten an einer Bandsäge.
- Die Schmiegen werden auf die Wrange übertragen (abgesetzt) und ausgehobelt. Nun sollte die Wrange schon grob passen. Mit etwas Fleiß und Mühe wird mit Hobel und »Schinder« (Stuhlbeinhobel) nachgearbeitet. Könner bedienen sich heutzutage einer Flex mit Schleifscheibe, was auch sehr effizient ist – aber Vorsicht, Verletzungsgefahr!
- Die Bohrungen der vorher entfernten Bolzen werden nun entweder vor Ort von unten durchgebohrt oder nur kurz angebohrt und an der Werkbank vollendet.

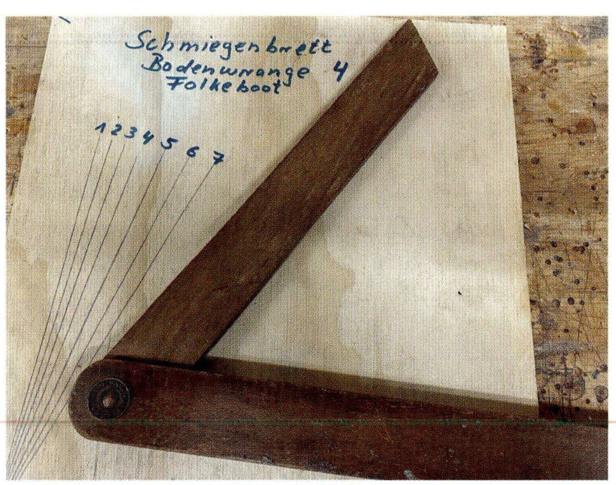

Schmiegenbrett mit Schmiegstock

Anfertigung neuer hölzerner Bodenwrangen

Einbau einer neuen hölzernen Bodenwrange

Fertig verlegte Decksbalken und Schlingen

Decksbalken mit Kajütschlinge, bereit zum Verlegen eines neuen Decks

2.4 DECKS AUF KLASSISCHEN YACHTEN

Die Unterkonstruktion des Decks ist von der Jolle bis zur klassischen Hochseeyacht nahezu identisch. Parallel zur Oberkante des Scheergangs (oberste Planke) verläuft der Balkweger, der zur Aufnahme der Decksbalken dient. Die Verbindung Decksbalken-Balkweger wird meist durch einen Schwalbenschwanz hergestellt, damit Zugkräfte formschlüssig aufgenommen werden können.

In der Regel werden die Decksbalken von vorn bis achtern mit der gleichen Balkenbucht versehen. Nur bei den Meter-Klassen, insbesondere bei den 12ern, variiert die Balkenbucht im mittleren Bereich aus Vermessungsgründen.

Die Decksbalken werden für Cockpit, Kajütaufbauten oder Luken unterbrochen, die mittleren Enden ruhen dann in der Cockpit-, Kajüt- oder Lukenschlinge. Die kurzen Balken von Schlinge zu Balkweger im Bereich der Kajütaufbauten, Luken oder des Cockpits werden »Stichbalken« oder »halbe Balken« genannt.

Größere Yachten erhalten zusätzlich Zugstangen aus Metall (meist Bronze), die den Balkweger mit der Schlinge verbinden, um die in der See auftretenden Zugkräfte besser aufnehmen zu können. Um die Rumpf-Decks-Verbindung zu verstärken, sind Decksbalken und Spanten durch geschmiedete Vertikalknie miteinander verbunden.

Decksbalken werden meist aus Eiche oder Esche, für leichtere Boote auch aus Spruce, angefertigt, Balkweger häufig aus Lärche, Oregon Pine oder Kiefer.

2.4.1 DECKSBEPLANKUNGEN

Leinendecks

Eine der ältesten und klassischsten Arten des Belages für Kajütdächer und Laufdecks ist der Leinenbezug.

Bei der klassischen Decksbeplankung wurden die Planken direkt mit Nut und Feder auf die Decksbalken genagelt, die Dichtigkeit wurde durch einen Leinenbezug hergestellt. Für solch einen Decksbelag wurde leichtes Nadelholz wie Fichte, Föhre oder feinjährige Lärche, seltener auch Spruce, auf die Decksbalken genagelt und anschließend mit einem Leinentuch bespannt.

Die meisten Leinendecks sind mittlerweile in die Jahre gekommen und neigen zur Rissbildung. Nicht selten weisen die darunter liegenden Decksplanken Fäulnismerkmale auf. Besonders die mit »schwarzem Eisen« (nicht verzinkt) vernagelten Leisten von Kajütdächern aus leichtem Nadelholz sind anfällig für feuchtigkeitsbedingte Korrosionsschäden. Entscheidet man sich angesichts eines fortgeschrittenen Alterungsprozesses des Leinendecks dafür, dieses neu zu beziehen, so sind zunächst schadhafte Hölzer auszutauschen.

Eine Anleitung zur Erneuerung des Leinenbezugs ist in *Kap. 2.5, Aufbauten,* unter *Bespannung eines Kajütdaches mit Leinen, S. 95* zu finden.

Leinendeck mit Mahagoni-Schandeck

Vorbereitung zum Verlegen eines Stabdecks

Verlegen eines Stabdecks

Verlegen eines Stabdecks

Das klassisch verlegte Stabdeck

Decks auf hochwertigen klassischen Yachten sind in der Regel mit Teakholz beplankt. Für Schärenkreuzer oder nordische Spitzgatter wurde auch oftmals Spruce, sehr feinmaserige Lärche oder Oregon Pine verwendet.

Bei einem klassisch verlegten Stabdeck verläuft das Schandeck parallel zur äußeren Deckslinie. Das Schandeck ist üblicherweise breiter als die Decksplanken. Um den Kajütaufbau und die Luken herum verlaufen die Leibhölzer. Die Mittelplanke wird durch einen »gebutteten« oder an den Seiten gerade verlaufenden »Fisch« gebildet, in den die Decksplanken seitlich einlaufen.

Die Leibhölzer bilden zusammen mit dem Schandeck und dem Fisch die Umrahmung für die Decksplanken, deren Stirnseiten sie schützen. Sie werden aus optischen Gründen meist aus Mahagoni gefertigt und lackiert, während Teakholz roh bleibt.

Die Leibhölzer und das Schandeck werden gestrakt, also gekrümmt, aus einer Bohle geschnitten, während die Decksplanken eingebogen werden. Ist die Krümmung der äußeren Deckslinie zu stark oder soll das Boot einen schlankeren Charakter erhalten, können kürzere Planken mit weniger Krümmung auch in Butten des Schandecks aufgenommen werden. Bei Motorbooten verlaufen die Decksplanken grundsätzlich parallel zur Mittschiffslinie.

Größere Yachten erhalten an der Außenkante des Schandecks ein Setzbord, das nach oben durch eine Kammleiste, meist aus lackiertem Eschen- oder Mahagoniholz, abgeschlossen wird.

Während die Leibhölzer und der Fisch mit den Decksbalken verschraubt sind, wurden die Planken häufig verdeckt genagelt. Dabei wurden die Nägel abwechselnd in den Decksbalken und in die benachbarte Planke geschlagen, um die Decksplanken miteinander zu verbinden. Der Vorteil dieser Methode ist eine unsichtbare Befestigung der Decksplanken auf den Decksbalken. Der Nachteil der Nagelung indes wird bei einem bestimmten Abnutzungsgrad deutlich sichtbar: Die Nagelköpfe treten nach und nach aus dem Deck heraus. Vorläufig lassen sich die Köpfe entfernen und mit einem Spund abdecken, langfristig leidet auch die Gesamtfestigkeit des Decks und es kommt die Zeit, in der das Deck erneuert werden muss. Bei einem verpfropften Deck lassen sich die Schrauben herausdrehen (sofern sie aus Bronze sind) und die Pfropfenlöcher tiefer senken, um erneut verschrauben zu können.

Um die erwünschte Dichtigkeit zu erzielen, wurden geplankte Decks kalfatet und mit Marine Glue vergossen. Heute wird diese Aufgabe weitgehend von dauerelastischen Fugendichtungsmassen übernommen.

Bei der Verwendung dieser »modernen« Produkte auf einer klassischen Yacht sollte jedoch zunächst ermittelt werden, ob das geplankte Deck ausreichend Spannung besitzt oder vor der Neuverfugung nicht doch noch einmal durchkalfatet werden sollte (falls Leckagen vorhanden sind). Sowohl vor einer Neukalfaterung als auch vor einem Neuvergießen der Decksverfugung ist die schadhafte Gummi-Fugenmasse zu entfernen.

Ein direkt auf die Decksbalken geplanktes Deck ist einerseits leckageempfindlicher als

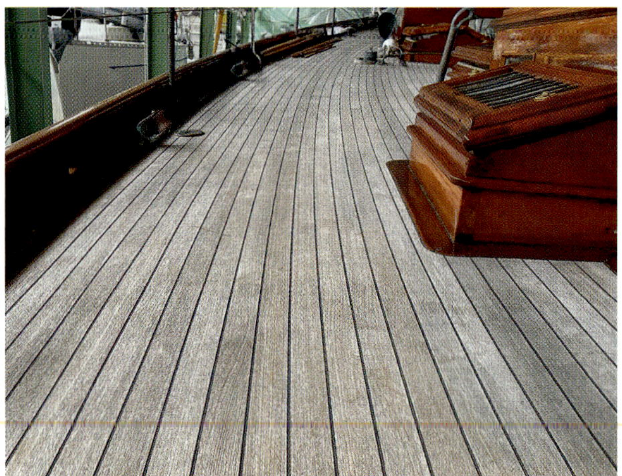

Bei guter Pflege kann ein Stabdeck lange halten

Stabdeck von unten

Stabdeck mit »gebuttetem« Fisch

Heraustretender Nagel in einem Teakdeck

Erkennbare Leckagen und beginnende Fäulnis an der Unterseite eines Stabdecks

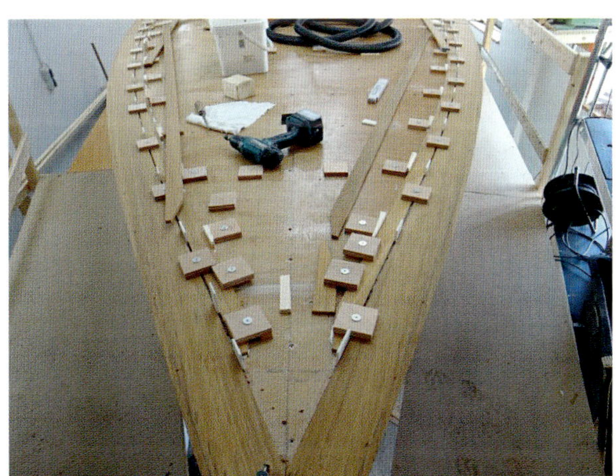
Verlegen eines Stabdecks auf Sperrholz

ein wie im Folgenden beschrieben auf Sperrholz verlegtes Stabdeck. Andererseits lassen sich beim klassisch verlegten Stabdeck Leckagen einfacher lokalisieren.

Auf Sperrholz verlegte Stabdecks

Mitte der 1960er-Jahre wurde damit begonnen, auf die Decksbalken eine Lage Sperrholz und darauf ein weniger dickes Stabdeck (meist Teak) zu verlegen. Ein solches Stab-Sperrholz-Deck ist verwindungssteifer als ein »nur« geplanktes Stabdeck und besitzt eine nachhaltigere Dichtigkeit.

Ist jedoch die Verklebung des Decksbelags auf dem Sperrholz fehlerhaft oder überaltert, sodass Wasser durch die Decksverfugung dringt bzw. es zu Ablösungen der Stäbe vom Sperrholz kommt, besteht die Gefahr erheblicher Fäulnisschäden am Sperrholz.

Eine Methode, um Ablösungen des Belages vom Sperrholz (subdeck) zu ermitteln, ist der sogenannte »Klopftest«, beim dem das Deck mit dem Kunststoffhammer abgeklopft wird (*vgl. Kap. 1.1, Befundung, S. 8 f.*). Sind Ablösungen vorhanden, so lassen sich diese an dem deutlich anderen, »federnden«, nahezu »klappernden«, Klang erkennen.

Sollten Ablösungen bei einem »Teak auf Sperrholz«-Deck etwa durch Knarzen, beim »Klopftest« oder spürbar weiche Stellen festgestellt werden, besteht dringender Handlungsbedarf.

Zunächst ist zu prüfen, ob sich Feuchtigkeit zwischen Teak und Sperrholz befindet. Hierzu ist es möglich, mit einem Forstnerbohrer eine Bohrung bis auf das Sperrholz vorzunehmen und mit einem Holz-Feuchtigkeitsmesser (im Baumarkt erhältlich) den Feuchtigkeitsgehalt des Sperrholzes zu ermitteln.

- Ist das Sperrholz trocken und in gutem Zustand, lassen sich – sofern man nicht das gesamte Deck entfernen möchte – die losen Stäbe mit Epoxidharz wieder verkleben.
- Zu diesem Zweck werden jeweils in der Mitte der Stäbe Bohrungen von 5 mm Durchmesser gesetzt und unverdicktes Epoxidharz mit entsprechend großen Kanülen injiziert.
- Die neu verklebten Stäbe werden mittels Gewichten (z. B. Blei) bis zur Aushärtung des Harzes beschwert.
- Die Bohrungen können anschließend mit einem mit Epoxidharz eingeklebten 8-mm-Pfropfen verschlossen werden.

Verlegen eines Stabdecks auf Sperrholz

Verlegen eines Stabdecks auf Sperrholz

Eine weitere Möglichkeit, den Zustand des Sperrholzes unter den Decksstäben zu ermitteln, ist die Betrachtung der Unterseite des Decks. Oftmals lässt sich Fäulnis am Sperrholz durch Farbablösungen und Rissbildungen in Faserrichtung erkennen. Ist das Sperrholz durchfeuchtet bzw. zeigt Fäulniserscheinungen, kann es partiell ausgetauscht werden. Dazu muss jedoch zuvor ein erheblicher Teil des Teakbelages entfernt (aufgenommen) werden. Sind großflächige Bereiche befallen, bleibt nichts anderes übrig, als das gesamte Deck zu erneuern.

Unter diesen abgelösten Farbschichten ist Fäulnis im Sperrholz zu vermuten

Fugenreparaturen und Neuverfugung von Teakdecks

Es ist häufig zu beobachten, dass durch Abnutzung des Teakdecks zwischen den Decksstäben Fugen nach oben erhaben hervorstehen. Dies stellt nicht nur eine optische Beeinträchtigung dar, sondern das Deck bietet ebenfalls schlechteren Halt und es besteht die Gefahr, dass durch Bewegung der Crew an Deck Fugen von den Flanken abgelöst werden.

Sofern die Fugen an sich noch intakt sind und an den Flanken anhaften, kann hier ein Mozart Präzisions-Messer Abhilfe schaffen, mit dem die Fugen bündig zu den Decksstäben geschnitten werden – eine einfache und von jedermann zu bewerkstelligende Tätigke

- Ist die bestehende Fugenmasse porös und undicht, müssen zunächst saubere Fugen an den Decksplanken geschaffen werden, um diese ersetzen zu können.
- Weiterhin sollten die Fugen aus optischen Gründen keine gravierenden Ausrisse oder Schlangenlinien aufweisen.
- Auch ist eine möglichst durchgehende, einheitliche Nahtbreite anzustreben.
- Für diese langwierige und sehr sorgfältig auszuführende Arbeit eignen sich am besten der Fein Multimaster (mit Fugenkralle) oder eine Lamello-Nutfräsmaschine. Von dem Gebrauch von Oberfräsen ist abzuraten, da diese nur schwer »in der Spur zu halten« sind.

Saubere Fugen zu erzielen ist trotz Einsatz maschineller Hilfsmittel ein mühsames Unternehmen, auf Handarbeit kann aber nicht verzichtet werden. Oft sind selbstgebaute Werkzeuge wie eine umgebogene Feile, die zum Fugenkratzer zugeschliffen wird, oder ein um einen Blechstreifen herum gelegtes Sandpapier effiziente und unersetzliche Helfer.

Im Zuge einer Deckssanierung ist es oftmals unerlässlich, Beschläge zu entfernen, die seit langer Zeit an Deck gesessen haben und nahezu »angewachsen« erscheinen. Nicht selten weist das Holz unter den Beschlägen bereits Fäulniserscheinungen oder zumindest Verfärbungen auf. Hier können Spunde gesetzt werden, um ein Fortschreiten der Fäulnis zu verhindern (*vgl. Kap. 4, Kleinere Reparaturen – Praxisanleitung, S. 139 f.*).

Nach Abschluss der vorbereitenden Arbeiten können die Fugen verfüllt werden.

Doch wie soll die Fugenmasse in die Fugen eingebracht werden, ohne ein »schmieriges Desaster« anzurichten oder allzu viel Material zu vergeuden?

Sind nur kleine Bereiche auszufugen, ist eine Handspritze mit einer 310-ml-Kartusche ausreichend; handelt es sich um größere Bereiche bzw. um ein ganzes Deck, dann sind die 600-ml-Schläuche, die mithilfe einer Akku-Pistole verarbeitet werden können, sowohl von der Handhabung als auch preislich vorteilhaft.

Mozart Präzisions-Messer

Die Wahl der Fugenmasse wird durch das Überangebot am Markt nicht vereinfacht. Die gängigsten Fugenmassen lassen sich unterteilen nach ihrer chemischen Zusammensetzung:

Fugenkralle

Polyurethane

Zur ersten Gruppe gehört der Marktführer Sika Flex 290 DC. Das Produkt lässt sich gut verarbeiten und nach Aushärtung schleifen. Laut Verarbeitungsvorschriften des Herstellers soll ein Fugenband (4-mm-Tesa) in den Fugengrund gelegt werden, um eine Zweiflankenhaftung zu gewährleisten. Die Fugenmasse darf nicht am Grund haften, da andernfalls bei Schrumpfung des Produkts die Gefahr einer Ablösung der Fugenmasse, vornehmlich von den oberen Rändern der Flanken, steigen würde. Zur Verbesserung der Anhaftung muss die Fuge vor dem Vergießen entsprechend der Verarbeitungsvorschriften mit einem speziellen Holzprimer behandelt werden.

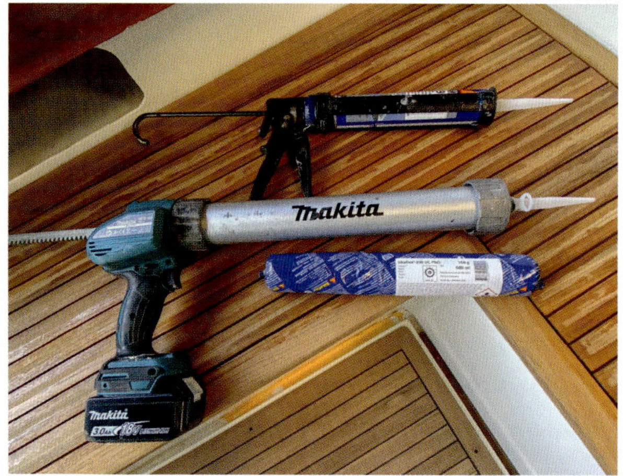

Akku- und Handpistole zum Vergießen der Decksfugen

Neuverfugung eines Teakdecks

Schleifen des Decks nach dem Vergießen

MS-Polymere

Zu dieser Gruppe gehören bekannte Produkte wie Pantera, Kent Rotabond oder Tikal (Tikalflex contact 12). Die Verarbeitung dieser sich zum Teil nur geringfügig unterscheidenden MS-Polymere ähnelt der der Polyurethane, nur soll man hier auf ein Fugenband verzichten können. Ein Primer wird in manchen Fällen ebenfalls angeboten. Die MS-Polymere lassen sich gut schleifen, die UV-Beständigkeit ist befriedigend bis gut. Abfärbungen waren bislang nicht festzustellen.

Silikone

Silikone sind bezüglich ihrer physikalischen Eigenschaften am besten als Fugenmasse geeignet, da sie äußerst UV-beständig sind und nicht verhärten oder spröde werden. Ihr Dehnungskoeffizient ist sehr hoch und bleibt beständig, was die Gefahr von Ablösungen verringert.

Die Kehrseite silikonhaltiger Fugenmassen überwiegt jedoch. Zwar zeichnet sich diese Vergussmasse durch eine dauerhafte Weichheit (Shore-Härte) und Elastizität aus, die durch kaum ein anderes Produkt erreicht wird. Auch die Dauerhaftigkeit der Anhaftung der Flanken und somit der Dichtigkeit ist unübertroffen. Doch ein Problem bleibt: Sie enthält Silikon!

Dieser Kernbestandteil ist deshalb ungeeignet für den Einsatz an klassischen Yachten, da er zu Problemen bei Lackierungen führen kann. Durch den Schleifstaub, der beim Schleifen des Silikons an Deck entsteht, kann es zu regelrechten »Kratern« an den Oberflächen späterer Lackierungen kommen. Einmal an Bord, ist diese sogenannte »Silikonpest« kaum mehr zu beseitigen.

Bei der Verarbeitung von Silikonen ist zu beachten, dass sie nach der Aushärtung nur bedingt schleifbar sind. Die Decksfuge ist gleich nach dem Vergießen der Fugenmasse mit einem Spatel glatt zu streichen oder gar mit einem speziellen Spachtel, der eine Vertiefung der Fuge bewirkt, nachzustreichen – ein Teelöffel tut's allerdings bei engeren Fugen auch.

Pflege von Teakdecks

Während beispielsweise Spruce oder Lärche durch Lacke oder Öle vor Verwitterung geschützt werden müssen und beim Betreten des Decks somit gefährlich glatt werden können, muss Teakholz durch den eigenen Anteil an Ölen nicht durch eine Beschichtung geschützt werden.

Bei der Pflege von Teakdecks gilt die Regel: »Weniger ist mehr«. Bei zu intensiver Pflege zeigt sich die wahre Qualität eines Teakdecks bezüglich der Holzauswahl: Die Maserung einer Teakplanke sollte ausschließlich »stehende Jahresringe« aufweisen, sodass sich ein gleichmäßig streifiges Bild auf der Oberseite ergibt. Decksplanken mit stehenden Jahresringen bis 45°-Neigung werden als »Rifts« bezeichnet. Liegende Jahresringe ergeben auf der Oberseite ein blumiges Bild mit weit auseinanderliegenden Jahresringen.

Durch zu intensives »Schrubben«, auch quer zur Faser, werden die breiten, weichen Jahresringe schneller und tiefer abgetragen als die engen, harten, wodurch nach und nach ein welliges Relief entsteht.

Rohes Teakholz erhält durch UV-Strahlung eine schöne, gleichmäßige, grau-silbrige Färbung. Aber: Mikroorganismen, Algen, Schimmel, und in ganz ungepflegten Fällen sogar Moos, setzen dem ungeschützten Teakholz zu, was das Deck oft unansehnlich erscheinen lässt. Um dieses zu verhindern, werden von Yachteignern oft toxische Mittel wie Algenentferner für Terrasse oder Schwimmbäder eingesetzt. Diese Mittel mögen zur Entfernung der Verunreinigungen des Holzes hilfreich sein. Für die Lacke, Leinen, Beschläge – und nicht zu vergessen die Gewässer – sind sie jedoch wenig zuträglich. Ohne Bedenken angewendet werden kann das ausgesprochen wirkungsvolle Produkt Boracol 10 Y(acht) der Firma lavTOX.

Sehr engringig gewachsenes Teakholz mit stehenden Jahresringen

Weniger gute Holzqualität, zum Teil liegende Jahresringe

Das Deck soll vor Anwendung dieses Produktes mithilfe eines im Fachhandel erhältlichen speziellen Schwammes gereinigt werden. Anschließend wird das flüssige Mittel in trockenem Zustand des Decks mit Pinsel, Rolle oder Sprühflasche aufgetragen.

Pflegebedürftiges Deck

Gepflegtes Teakdeck

Die Behandlung mit Boracol führt zu einem silbrig-hellen Glanz des Teakdecks

Nach circa vier bis sechs Wochen sind die schwarzen Flecken im Holz durch Regen- und Seewasser abgetragen und das Deck erstrahlt in einer gleichmäßig silbrigen Färbung. Eine Behandlung mit Boracol zweimal im Jahr, im Frühjahr und im Herbst, ist ausreichend.

Das Ölen von Teakdecks hat sich als nicht vorteilhaft erwiesen! Einerseits ist durch zu viel Öl nicht mehr die gewünschte Rutschfestigkeit gewährleistet, andererseits erodieren durch zu wenig Öl die einzelnen Bereiche des Decks unterschiedlich stark und das Deck erscheint fleckig – sofern nicht immer wieder nachgeölt wird.

Mahagoni-Vollholzdecks auf Jollenkreuzern und Jollen

Die meisten klassischen Jollenkreuzer oder Jollen wie Piraten und H-Jollen sind mit Vollholzdecks ausgestattet. Hierfür wurden meist leichte Hölzer wie Gabun (Okoumé) oder Khaya-Mahagoni verwendet.

Um das Holz zu schützen, werden diese Decks hochglänzend lackiert, was ihnen ein edles Aussehen verleiht. Die Glätte dieser »Rodeo-Decks« hat jedoch schon dafür gesorgt, dass so manches für das Vorschiff verantwortliche Crewmitglied aus dem Wasser gezogen werden musste. Die Problematik dieser dünnen, aber breiten Deckshölzer liegt oftmals im Reißen in Faserrichtung. Hier lässt sich durch Ausleisten, anschließendes Abziehen und Neulackierung einiges retten. Auch die Verschraubung mit Pfropfen bereitet häufig Probleme, da auch hier das Holz reißen kann oder die Pfropfen durch Korrosion der darunter liegenden Schrauben herausgedrängt werden und herausfallen.

Heutzutage werden diese Decks aus Furnieren, oft im Vakuum-Verfahren ohne Verschraubung, verklebt. Einige Jollenbauer arbeiten zur Erhöhung der Festigkeit sogar eine Lage Carbon ein.

2.5 AUFBAUTEN

Für den Ästheten stellen lange, schmale Rümpfe mit wenig Aufbauten ein Ideal dar. Der Fahrtensegler hingegen bevorzugt eine komfortable Stehhöhe. Konstruktiv wird der Verlauf des Kajütaufbaus an Deck von dem Strak der Kajütschlinge bestimmt, die seitlich nach außen die »halben Decksbalken« oder »Stichbalken« aufnimmt.

Kajütaufbau

In den meisten Fällen wird die Kajütseitenwand von innen gegen die Schlinge, die Stirnwand vorn und achtern gegen die durchlaufenden Decksbalken geschraubt. Das Deck wird somit gegen die Aufbauwand geschraubt. Dadurch entsteht eine senkrechte Fuge zwischen Deck/Schlinge und Aufbauwand, die den Eignern oft Sorge bereitet, da sie zu Leckagen neigt.

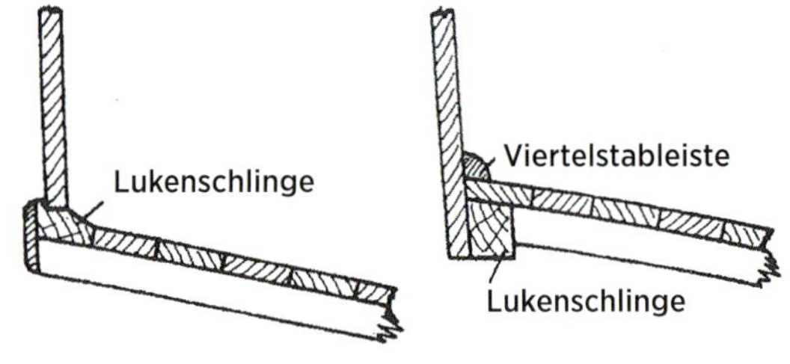

Links: Die innere Decksplanke ist gleichzeitig Lukenschlinge
Rechts: Einfach und günstig, aber schwer zu dichten; möglichst verleimen

Bei einer aufwändigeren Bauweise steht die Aufbauwand auf dem Kajütleibholz, das bereits als Teil des Decks auf der Schlinge liegt. Die Wand steht auf einem erhöhten Teil des Leibholzes, welcher durch eine Hohlkehle auf Decksniveau endet. Das Leibholz erhält zusätzlich einen nach innen erhöhten Falz. Durch die Aufbauwand und das Deck gebohrte Vertikalbolzen sorgen für eine feste Verbindung mit der Kajütschlinge. Der Vorteil dieser Verbindung ist offensichtlich: Durch die Erhöhung der Naht um die Hohlkehle steht hier nicht fortwährend Wasser wie bei der vorgenannten Verbindung, bei der die Kajütseitenwand gegen die Schlinge geschraubt ist. Durch

Von innen gegen die Schlinge geschraubte Kajütseitenwand

Auf dem Deck stehende Kajütseitenwand, von unten verschraubt

Erhöhtes Kajütleibholz mit Hohlkehle

den Falz im Leibholz müsste eindringendes Wasser »eine Ecke mehr überwinden«, bevor es auf die Koje tropft. Zwar sind die Verbindungen beim Bau des Schiffes zusätzlich zur Verschraubung verklebt oder verleimt worden, jedoch lassen die Leime mit den Jahrzehnten nach, sodass es zu Leckagen kommen kann.

Ein ähnliches Problem besteht bei den Aufbauecken, der Verbindung der Seitenwände mit der Stirnwand. Die Konstruktion dieser Verbindung ist in den meisten Fällen sehr einfach ausgeführt: Die Aufbauseiten stoßen gegen die Hirnholzkanten der Stirnwand, von innen ist ein Eckklotz eingesetzt, der mit den Aufbauwänden verleimt und verschraubt ist. Auch hier können sich im Laufe der Zeit die Nähte von der Außenseite her öffnen. Das Hirnholz der Stirnwand wird schwarz und es ist eine Frage der Zeit, bis auch hier das Wasser eindringt.

Teilweise wurden auch »Eckpfosten« mit Fälzen aufgestellt, in die die Seitenwände und die Stirnwand geleimt und verschraubt wurden. Diese Ausführung ist schon eleganter, die Problematik bleibt jedoch die gleiche.

Die Verbindungen der Seitenwände mit der Stirnwand an den Aufbauecken sind besonders anfällig für Leckagen

Spuren einer Leckage an einer Aufbauecke

Während das Unterwasserschiff eines hölzernen Rumpfes ein vergleichsweise ruhiges Dasein in annähernd gleichbleibendem feuchtem Klima genießt, leiden Deck und Aufbauten während der Saison unter dem Wechsel von Nässe, Kälte, Wärme und Sonneneinstrahlung.

»Gezinkte« Aufbauecke

Offene Nähte an den Aufbauten, durch die Wasser eindringen kann, entstehen durch witterungsbedingte Bewegungen der Hölzer, die zu einem Reißen der Lackschicht führen können.

Um derartigen Problemen vorzubeugen, ist für eine dauerhaft ausreichende Schichtdicke des Klarlackes zu sorgen, dessen UV-Schutz die Lackschicht elastisch hält. Werden die naturlackierten Aufbauten mit einer Persenning geschützt, so sollten ein Anschleifen und eine Lackschicht pro Jahr ausreichend sein. Es gilt: Abdecken mit einer Persenning so oft wie möglich!

Gut gepflegte naturlackierte Flächen der Decksaufbauten

Um Leckagen an der Deck-Aufbauwand-Verbindung zu beseitigen, sollte zunächst geprüft werden, ob die Verschraubung mit der Kajütschlinge noch fest ist, oder ob hier Ablösungen festzustellen sind. Der Sitz der Schrauben lässt sich prüfen, indem einzelne Pfropfen der Verschraubungen entfernt und die entsprechenden Schrauben nachgedreht werden. Nur in den schlimmsten Fällen ist die Verbindung spürbar lose. Hier ist dann eine komplette Neuverschraubung unumgänglich.

Befindet sich eine Leckage zwischen dem Leibholz eines Stabdecks und der Aufbauwand, ist die Gumminaht zu erneuern. Hier ist es äußerst effektiv, die Naht vor dem Vergießen mit G4 (Polyurethanharz von Yachtcare bzw. Vosschemie) oder Eposeal (Gurit) zu

Gut gepflegte naturlackierte Flächen an Deck

Auch geölte Oberflächen wollen regelmäßig gepflegt werden

Die Gumminaht zwischen Deck und Aufbauwand ist ein neuralgischer Punkt für Leckagen

tränken. Man wundert sich, welche Mengen dieser Flüssigkeit in den Tiefen einer Naht verschwinden. Das Harz dringt tief in die Poren des Holzes und in die Verbindung ein, verfestigt weiche Stellen und dichtet, wobei es zähelastisch bleibt. Zugleich kann es als Haftvermittler (Primer) für die nachfolgende Vergussmasse fungieren.

Auch wenn ein Leibholz ohne Naht direkt gegen den Aufbau verlegt ist, lassen sich Leckagen gegebenenfalls mit G4 (bzw. Eposeal) beheben.

Dies gilt auch für Aufbauecken oder ähnliche Verbindungen. Voraussetzung für einen Erfolg ist jedoch, dass das Holz trocken ist (möglichst unter 15 % Holzfeuchtigkeit).

Bleiben die Versuche zur Abdichtung der Nähte ohne Erfolg, sollten die Nähte aufgefräst und entweder mit einer MS-Polymer- oder PU-Vergussmasse aufgefüllt oder mit einer sauber eingepassten Leiste mit Epoxidharz ausgeleistet werden.

Eine elegantere Lösung ist das Öffnen der Fuge zwischen der Stirnwand des Kajütaufbaus und den angrenzenden Hölzern (Eckpfosten oder Seitenwänden) mit einer Furniersäge und das anschließende Einsetzen eines Furnierstreifens mit Epoxidharz.

Jene problematischen Nahtverbindungen entfielen, als in den 1960er-Jahren die ersten Aufbauten formverleimt hergestellt wurden. Allerdings sind auch diese Bauweisen mit deutlich runderen Formen nicht immer unproblematisch, da sich auch hier die Leimverbindungen im Laufe der Zeit lösen können.

2.5.1 FENSTER IN KAJÜTAUFBAUTEN

Bei kleineren Yachten mit einem flachen Aufbau befinden sich meist »klassisch-ovale« Fensterrahmen in den massiven Aufbauseiten. Für die Scheibe ist ein Falz in die Aufbauwand gefräst. Der Rahmen deckt den Falz ab und ist in die Wand geschraubt. Dauerelastische Dichtungsmittel sorgen für eine leckagefreie Verschraubung.

Yachten mit höheren Aufbauten sind oft mit größeren Fenstern ausgestattet, die eckig, meist mit schrägen Vor- und Hinterkanten, ausgeschnitten sind. Die Aufbauwände werden hier aus Rahmenkonstruktionen hergestellt, da eine derart breite Massivholzbohle mit großen Ausschnitten unweigerlich in Faserrichtung bis zur Instabilität reißen würde. Leider können sich auch hier wie bei den Aufbauecken die Nut- und Zapfenverbindungen der Rahmenhölzer durch Alterung des Leimes lösen. Wasser dringt ein, der Lack löst sich ab, die Verbindung wird schwarz und beginnt im schweren Stadium zu lecken und schlussendlich von innen zu faulen. Dann gilt es, die ersten Rissbildungen in Form von Lackablösungen zu erkennen und zu behandeln. Zunächst kann versucht werden, mit G4 abzudichten. Bei stärkerer Öffnung der Naht ist diese aufzufräsen und mit einer Leiste mit Epoxidharz zu versorgen. Eine Zwei-Komponenten-Epoxidharzmasse oder eine dauerelastische Fugenmasse ist an dieser Stelle die weniger fachgerechte Lösung.

Eine weitere Art der Fensterausführung ist die folgende: Die Fensterausschnitte in der Aufbauseite sind für die Aufnahme der Scheibe so tief gefälzt, dass innen, je nach Dicke der Aufbauwand, noch ca. 10–14 mm Wandstärke stehen bleiben. Entsprechend dieser Ausschnitte werden feine Rahmen aus verchromtem Messing oder rostfreiem Stahl gefertigt und mit Bohrungen versehen, durch die die Rahmen mit den Ausschnitten der Aufbauwand verschraubt werden. Diese filigran wirkenden Rahmen verbergen ihre Tücken in der Verschraubung. Nach mehrfachem Abziehen der Aufbauseiten wird das verbleibende Holz zunehmend dünner. So kann es an den Verschraubungen zu einer Rissbildung im Hirnholz kommen, das beim Eindringen von Feuchtigkeit dunkle Verfärbungen in Faserrichtung zur Folge hat. An den entsprechenden Stellen dieser Fensterkonstruktion sind kleine Spunde an den Schrauben zu erkennen, die den Gesamteindruck des Aufbaus nicht verschönern. Ist ein fortgeschrittenes Stadium der Rissbildung erreicht, wird eine Furnierung des Aufbaues unumgänglich sein, sofern der Kajütaufbau makellos sein soll.

2.5.2 KAJÜTDACH

Ein weiterer Teil des Kajütaufbaus, an dem es zu Leckagen kommen kann, ist das Kajütdach. In der klassischen Ausführung mit Leinen bespannt, wird es heutzutage oftmals mit GFK beschichtet. In selteneren Fällen ist das Kajütdach mit Teak oder lackiertem Mahagoni beplankt. Die Leinenbespannung eines Kajütdaches hat in der Regel nur eine begrenzte Lebensdauer und neigt zur Rissbildung. Entstehen Leckagen im Kajütdach, drohen die unter der Bespannung liegenden Decksleisten (meist Nadelholz) zu faulen. Muss die Oberseite des Kajütdaches erneuert werden, hat man die Wahl zwischen einer klassischen Leinenbespannung und einer – dauerhafteren – GFK-Beschichtung.

Feine, in die Aufbauwand geschraubte Fensterrahmen

Rissbildung an der Verschraubung im Hirnholz (rechts im Bild)

Unterkonstruktion eines Kajütdaches

Bespannung eines Kajütdachs mit Leinen

Ist die Entscheidung für einen Leinenbezug gefallen, werden benötigt:

- Leinwandgewebe
- Wachspapier
- Kupfertekse

Das Leinwandgewebe ist im Künstlerbedarf erhältlich. Hier eignet sich am besten das Tuch »Cottonduck« 10 Unzen. Dies gibt es in Breiten bis zu 3,15 m, was meist die vernähte Mittelnaht spart. Wachspapier ist erhältlich im Papierwarenhandel, Kupfertekse (kleine Kupfernägel) u. a. bei Toplicht.

- Vor der Bespannung des Kajütdaches ist es unerlässlich, die Randleisten, Laufleisten für das Schiebeluk, Skylights, Handläufe usw. zu demontieren.
- Die alte Leinenbespannung lässt sich in der Regel leicht entfernen, da sie außer der Vernagelung keine Anhaftung zu den Decksleisten des Kajütdaches hat.
- Nach der Entfernung des alten Tuches kann der Zustand der darunter liegenden Decksleisten beurteilt werden, die gegebenenfalls erneuert werden müssen.
- In einem nächsten Schritt wird das Wachspapier ausgelegt und fixiert, sodass mit der Bespannung begonnen werden kann.
  Statt mit Wachspapier ist beim Originalbau der klassischen Yachten das Decksleinen zum Teil mit Bleiweiß oder alter, dicker Farbe als zusätzlicher Verklebung bespannt worden.
- Für die Bespannung selbst braucht es mehrere Hände. Allein ist dieser Arbeitsgang nur schwer zu bewerkstelligen. Insbesondere ist auf eine ausreichende Spannung des Leinentuches in Längs- und Querrichtung zu achten, um Faltenbildung und Hohlräume zu vermeiden.

- Vorteilhaft ist es, das Material des Leinentuches vor dem Bespannen kräftig vorzurecken. Hierfür kann das Leinen an den Schmalseiten auf zwei kräftige Leisten, deren Länge mit einiger Zugabe der Breite des Kajütdaches entspricht, gewickelt werden. Die vier Leistenenden können dann mit Spanngurten, die an den Klampen befestigt sind, verbunden werden, sodass sich die Leinenfläche in Längsrichtung sehr effektiv spannen lässt.
- Bei der eigentlichen Bespannung wird das Tuch über vier Ecken über das Kajütdach gespannt und an der Mitschiffslinie mit Teksen angeheftet. Man kann auch Tacker verwenden, dann aber Klammern aus rostfreiem Stahl. Anschließend wird das Tuch über die Breite gleichmäßig gespannt und außen mit Teksen dicht an dicht genagelt.
- **Tipp!**
  Als Hebelwerkzeug zur Spannung in der Breite kann man sich, einer Bürste mit Handgriff ähnlich, ein Holz mit feinen Nägeln ohne Kopf fertigen. Dieses wird von unten in das überschüssige Leinen »gespießt« und mit Hebelkraft gespannt.
- Im Anschluss werden die Ausschnitte für die Luken geschnitten. Das Tuch wird nach unten um die Kanten »geklappt« und ebenfalls vernagelt.
- Nach vollständiger Vernagelung und Abschnitt aller Überstände kann die Leinwand gestrichen werden. Hier eignet sich als Voranstrich ein PU-Produkt wie G4 (vier bis fünf Anstriche), gefolgt von einer Grundierung (z. B. *Epifanes* Multi Marine Primer) und Endanstrich mit einem weißen elastischen (ein-komponentigen) Schlusslack (z. B. *Epifanes* Mono-Urethan oder *International* Super Gloss HS).
- Spachtelarbeiten sind nicht nötig. Nach Aushärten der Lackbeschichtung zeichnet sich die Struktur der Leinwand ab, die dem Deck den klassischen Charakter verleiht.

Hier hat Korrosion des Stahlbandes zu Fäulnis an den Leisten des Kajütdaches geführt

Anschäften neuer Leistenenden auf dem Kajütdach

Auslegen des Leinenbezuges zum Bespannen des Kajütdaches

Spannvorrichtung zum Vorrecken des Leinentuches

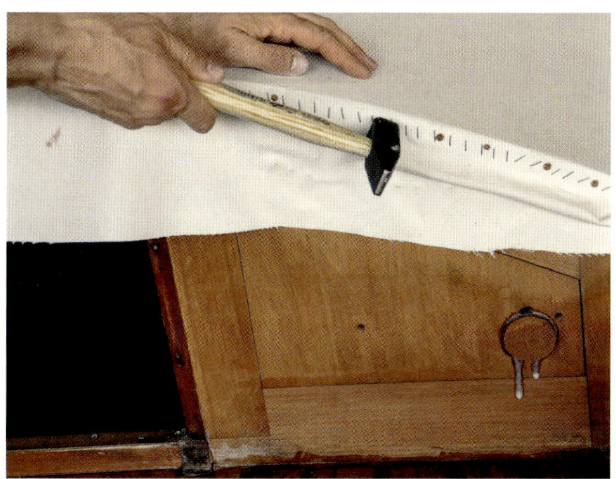

Anheften des Leinentuches mit Kupferteksen

Fertig mit Leinen bespanntes und lackiertes Kajütdach

Beschichtung eines Kajütdaches mit Glas und Harz

Als Alternative zu einem Leinenbezug wird in neuerer Zeit häufig eine Beschichtung mit glasfaserverstärktem Kunststoff (GFK), d. h. einem Glasgelege und Epoxidharz- bzw. Polyesterharz, vorgenommen. Das mag von Puristen zwar als Frevel angesehen werden, ist jedoch bezüglich der Dauerhaftigkeit, Festigkeit und der Reparaturmöglichkeiten dem Leinendeck überlegen.

Der Material- und Zeitaufwand für eine Beschichtung mit Epoxidharz- bzw. Polyesterharz ist jedoch nicht zu unterschätzen. Insbesondere die damit verbundenen Schleif- und Spachtelarbeiten sind äußerst zeitraubend, will man ein befriedigendes Ergebnis erzielen. Während in den 1970er-, 80er- und 90er-Jahren meist eine schwere, grobe Standard-Glasmatte (chopped strand mat, 450 g/m^2) mit Polyesterharz verarbeitet wurde, ist man heute zu den wesentlich filigraneren E-Glasgelegen(/-geweben) übergegangen. Diese ermöglichen ein wesentlich schöneres Oberflächenfinish mit weniger Spachtelarbeit und gewähren eine höhere Festigkeit. Die E-Glasgelege lassen sich sowohl mit Polyesterharzen als auch mit Epoxidharzen verarbeiten. Epoxidharze sind wesentlich hydrolysefester (feuchtigkeitsundurchlässiger) als Polyesterharze und besitzen eine erheblich höhere Anhaftungsfähigkeit.

Wichtig bei der Verarbeitung von Epoxidharzen ist ein genau einzuhaltendes Harz-Härter-Verhältnis sowie eine dauerhafte Mindesttemperatur von 15 °C bis zur vollständigen Aushärtung des Harzes. Stimmt mindestens eine dieser Komponenten nicht, kann es zu zeitraubenden und kostspieligen Katastrophen kommen. Die Holzfeuchte selbst darf bei der Verarbeitung des Harzes 15 % nicht übersteigen.

Soll ein Kajütdach mit einem Glasgelege beschichtet werden, ist es selbstverständlich, dass die zu beschichtende Holzoberfläche sauber und gesund ist. Faule Decksleisten, vor allem an den Ecken oder an Skylights/Schiebelukleisten, sollten erneuert werden, sodass die Oberfläche gut strakt und keine Beulen oder Löcher aufweist.

- Zu empfehlen für die Beschichtung eines Kajütdachs sind zwei Lagen E-Glasgelege (200g/m^2, Köperbindung).
- Die Gewebe werden zugeschnitten, das Harz (Härter nicht vergessen!) mit einer Mohairrolle auf die Oberfläche aufgetragen und die Glasgelege bei weiterer Durchtränkung mit Harz »auftapeziert«. Dabei werden die Gewebe um die Kanten des Deckshauses gezogen.
- Mit einer Entlüftungsrolle soll eingeschlossene Luft herausgearbeitet und das Harz gleichmäßig verteilt werden, bis eine einheitlich durchtränkte Fläche entsteht.
- Da es unvermeidlich ist, dass sich an manchen Stellen überschüssiges Harz sammelt, wird unmittelbar nach Vollendung der Durchtränkung und Entlüftung des Laminats ein Abreißgewebe aufgelegt, das überschüssiges Harz aufnimmt und an die Oberfläche zieht. Wird nach dem Laminieren kein Abreißgewebe verwendet, verbleibt eine weniger glatte Oberfläche und es bildet sich ein schmieriger Film, was die weitere Bearbeitung der Fläche erschwert.
- Nach Aushärtung des Laminats kann das Abreißgewebe entfernt und mit den Spachtelarbeiten begonnen werden.
- Um ein exzellentes Oberflächenfinish zu erzielen, sollte nach jedem Spachtelgang

Mit Glas/Harz beschichtetes Kajütdach

Im Laufe der Zeit können sich bei der Beschichtung mit Glas/Harz die Leisten des Kajütdachs abzeichnen

(Epoxidharzspachtel) mit einem Schleifbrett nachgeschliffen werden (Atemschutz tragen!).
- Vor der ersten Farbgrundierung der Fläche sind mindestens drei vollständige Spachtelgänge erforderlich.
- Nach einer ersten Grundierung (hier empfiehlt sich eine Zwei-Komponenten-Grundierung wie Perfection Undercoat von International) werden im Streiflicht weitere Unebenheiten sichtbar, die weitere Spachtelgänge erforderlich machen.
- Für die Endlackierung ist ein Zwei-Komponenten-Lack (z. B. Perfection Pro von International) zu empfehlen.

Bei einem mit Leisten geplankten Kajütdach ist es unvermeidbar, dass sich im Laufe der Zeit die Leisten des Kajütdachs sichtbar abzeichnen, sodass der Perfektionist am liebsten wieder spachteln und lackieren möchte.

2.5.3 ALLES, WAS KLAPPT UND SCHIEBT: BACKSKISTENDECKEL, SKYLIGHTS UND SCHIEBELUKEN

So mancher Eigner einer klassischen Yacht kämpft mit der Dichtigkeit der Backskisten im Cockpit. Außer Leinen, Fendern und Reserveankern wird hier auch zunehmend Elektrik und Elektronik untergebracht, die empfindlich auf Seewasser reagiert, das bei schwerem Wetter seinen Weg bis in die Tiefen einer Backskiste findet.

Die Backskistendeckel sind meist aus massivem Mahagoni gefertigt und entwickeln, auch hochglanzlackiert, im Wechsel von Sonne, Kälte und Regen ein aktives Eigenleben, was der Dichtigkeit abträglich sein kann. Sie neigen zum Verziehen und Reißen, auch wenn sie (oder gerade deshalb) noch so gut eingespannt sind. Die meisten Deckel wurden von ihren Erbauern mit Messing-Klavierband am äußeren Rahmenholz der Backskistenöffnung angeschlagen. Dies ist optisch ansprechender als einzelne kräftige Scharniere, hat jedoch den Nachteil, dass sich das Messingband durch Korrosion an den Röhren und Stiften festfrisst und zunehmend schwer bewegen lässt, wodurch im Laufe der Zeit die Schrauben aus dem Holz reißen.

Langlebiger, aber weniger stilvoll, ist ein Klavierband aus rostfreiem Stahl, oder, weniger empfindlich, auf Deckel und Rahmen geschraubte Lukenbänder. Als Spannvorrichtung haben sich die üblichen Hebelverschlüsse bewährt (erhältlich u. a. bei Toplicht).

Es gibt unterschiedliche Dichtungssysteme für Backskistendeckel. Als besonders effektiv ist hier das von A&R entwickelte Prinzip hervorzuheben: In die Unterseite des Deckels ist eine Nut gefräst, in die ein weiches Moosgummi geklebt ist. Die Nut ist mittig über dem inneren Rand der Backskiste positioniert, an den ein ca. 2 mm nach oben überstehender verlöteter Messingrahmen geschraubt ist.

Beim Schließen des Deckels drückt sich die Schiene in das Moosgummi und dichtet die Verbindung sehr gut ab. Mittig unter den äußeren Kanten des Deckels verläuft eine Wasserrinne, die das vom Deckel ablaufende Wasser aufnimmt und in die Cockpitwanne ableitet. Die Wasserrinne ist meist aus Holz gefertigt, was sich in Ermangelung sorgfältiger Beobachtung und Pflege oft als nachteilig erweist. Insbesondere in den Ecken, die auf Gehrung zusammengefügt sind, faulen die mit einer (meist zu kleinen) Hohlkehle versehenen Leisten an. Der Reparaturaufwand ist groß. Effektiver und langlebiger ist hier eine Konstruktion aus Messing-U-Material oder rostfreiem Stahl.

Skylights

Skylights, auch Ober- oder Deckslichter genannt, sind meist über dem Salon positioniert. Sie sollen den Innenraum erhellen und für Belüftung sorgen. Richtig gebaut sind sie reine Meisterwerke, die einer klassischen Yacht eine zusätzliche Wertigkeit verleihen.

Der Korpus wird mit Schwalbenschwänzen zusammengezinkt. An dem in Längsachse des Schiffes verlaufenden »Firstbalken« sind die Deckel oder Flügel angeschlagen. Hierfür werden häufig kunstvoll verzierte Lukenbänder verwendet. Die Flügel sind als Rahmenverbindungen mit Schlitz und Zapfen ausgeführt, in denen die Glasscheiben in einem Falz mit Glasleisten oder Fensterkitt abgedeckt sind.

Der Firstbalken ist mit Ablaufrinnen versehen, die ein wenig über die Stirnwände des Korpus hinausragen. An der Unterseite des Flügels sollte im Bereich der Ablaufrinne eine Tropfleiste eingearbeitet sein, damit das Wasser über der Rinne abtropfen kann. Dies kann eine eingefräste Messingschiene sein. Ohne eine derartige Tropfleiste würde das Wasser in den Salon oder auf die Kojen gelangen.

An den drei übrigen Seiten sind die Flügel mit Randleisten versehen, die ihrerseits in die umlaufende Wasserrinne des Korpus greifen und für Dichtigkeit sorgen sollen.

Typisches A&R-Cockpit

A&R-typisches Dichtungssystem für Backskistendeckel

Skylight mit klassischem Öffnungsmechanismus

Skylight mit »Grill« zum Schutz der Scheiben

Klassische Schiebeluk-Konstruktion

Elegante, aufwändigere Lösung für die Führungsleisten eines Schiebeluks

Eine derartige Konstruktion ist theoretisch wasserdicht, im Einsatz bei schwerem Wetter jedoch nur in den seltensten Fällen. Aus diesem Grund wird für jedes Skylight eine Persenning angefertigt, die in am Korpus befestigte Nutleisten eingezogen wird. Diese Persenning dient neben der Dichtigkeit ebenfalls als Schutz der Lackierung vor Umwelteinflüssen. Gegen Seeschlag oder andere mechanische Beschädigungen ist ein »Grill« aus Messing über den Glasbereich der Flügel geschraubt.

Bei größeren Yachten lässt sich der Korpus von innen über Hebelverschlüsse verschließen. Das ganze Skylight kann von innen »abgeworfen« werden, um einen Notausgang bei Sinkgefahr zu bieten, falls der Niedergang als Ausgang blockiert sein sollte.

Schiebeluken

Bei der Konstruktion von Schiebeluken ist das Grundprinzip immer identisch: Eine konvex geformte Kappe lässt sich auf einem Schienensystem nach vorn und achtern verschieben. Die Variationen dieses Systems sind vielfältig, folgen jedoch alle einer Zielsetzung: das Konstrukt so wasserdicht wie möglich zu gestalten.

Bei den meisten Fahrtenschiffen läuft das Schiebeluk in eine sogenannte Garage, eine »Kiste«, die über dem vorderen Teil der Laufleisten fest auf dem Kajütdach montiert ist. Seeschlag bzw. »grünes Wasser« kann nun nicht mehr unter dem Lukendeckel ins Schiffsinnere gelangen.

Die Garagen enden achtern meist mit einem »Wellenbrecher«, zwei sich verjüngenden Leisten auf dem Kajütdach.

Wurde aus Gründen der Ästhetik auf eine Garage verzichtet, kann für Schwerwetter das kleine Deckshaus mit dem Schiebeluk mit einer Persenning bezogen werden. Hierfür sind am Aufbau Hohlkehlleisten angebracht, in die die Persenning mit ihrem angenähten Liektau eingezogen werden kann.

Die Schiebelukendeckel wie auch die Garagendächer werden aus Vollholz verleimt oder aus Sperrholz gefertigt. Der Vorteil von formverleimtem Sperrholz ist eine hohe Festigkeit bei geringem Gewicht. Rissbildung im Deckel kommt hier nicht vor. Allerdings lässt sich Sperrholz nicht beliebig oft abziehen, um eine überalterte Lackschicht zu entfernen. Die Furnier-Deckschicht ist bei gutem Sperrholz maximal 1,2 mm dick.

Vollholzdeckel werden aus Leisten entsprechender Breite und Dicke verleimt. Durch das Arbeiten des Holzes können sich die Leimnähte öffnen und die Luken variieren je nach Witterung in der Breite, was eine Schwergängigkeit des Deckels zur Folge haben kann.

Die Steckschotten am Niedergang werden in der Regel als Rahmenkonstruktionen mit einer Füllung aus Teak oder Mahagoni gefertigt. Sie laufen vertikal in einer Nut, die in gut dimensionierte Rahmenhölzer am Kajütaufbau gefräst ist. Die Steckschotten sollen einen Verschlusszustand herstellen, d. h. im nautischen Sinne relativ dicht sein und das Schiff vor Wassereinbruch schützen, ohne jedoch vollständig gegen kleinere Wassermengen abdichten zu müssen.

2.6 MASTEN UND SPIEREN

Auf den meisten klassischen Yachten werden Holzmasten gefahren, wie es auch von den damaligen Konstrukteuren vorgesehen war.

Wenngleich man annehmen könnte, dass für den engagierten Regattasegler die Vorteile der kalkulierbareren Biegekurven, des geringeren Gewichts bei höherer Festigkeit und des geringeren Pflegeaufwands von Aluminium- und Carbonmasten mit PBO-Wanten aus Kunstfaser gegenüber der ästhetischen Erscheinung eines in der Sonne golden glänzenden Spruce-Mastes überwiegen, zeichnet sich in neuester Zeit ein Trend ab, der die Vorzüge von Holzmasten auch auf dem Niveau höchster Performance zu würdigen weiß (*vgl. dazu Juliane Hempel: Alles außer altmodisch. In: YachtClassic 1 (2008), S. 78–93*).

Um das Konstrukt »Holzmast« besser verstehen zu können, werden hier zunächst unterschiedliche Riggarten vorgestellt:

Toppgeriggte Masten

Diese Riggart wird u. a. bei Seekreuzern wie KR-Yachten, Ketchen oder Yawls gefahren, die vom Konstrukteur eher als Tourenschiffe ausgelegt sind. Das Vorstag reicht hier bis zum Masttopp, das Vorsegeldreieck ist dementsprechend groß. Toppgeriggte Masten sind nach oben wenig verjüngt, da hier eine hohe Festigkeit zur Aufnahme der Vorstagskräfte erforderlich ist. Sie stehen gerade ausgerichtet an Deck und sollen es während des Segelbetriebes auch bleiben. Das Rigg ist nicht auf Biegung ausgelegt. Selbstverständlich kann das Achterstag bei hartem Amwindkurs gut durchgesetzt werden, um den seitlichen Durchhang der Windanschnitt-

A&R-Mast

kante des Vorsegels so weit wie möglich zu verringern. Aber schon so mancher Skipper eines Seekreuzers musste während einer Regatta seinen Mast einbüßen, weil der Mast zu hart nach achtern getrimmt wurde.

Dreivierteltakelung

Das Vorstag eines dreiviertelgetakelten Riggs (fractional rigging) setzt auf ca. 3/4 der Mastlänge an; das Masttopp kann über der oberen Saling oder der Jumpstagspreize in Längsrichtung verhältnismäßig frei nach achtern biegen, da es nicht durch das Vorstag fixiert ist. Dreiviertelgetakelte Masten verjüngen sich nach oben deutlich, um die Biegung nach achtern zu erleichtern. Durch Zug am Achterstag – bei sensiblen Riggs ist auch der Schotzug am Großbaum ausreichend – biegt der Mast über die ganze Länge in Längsrichtung, nicht seitlich. Hierdurch öffnet das Segel im Achterliek, der Druck im Segel verringert sich merklich. So kann das Großsegel noch bei höheren Windgeschwindigkeiten ungerefft am Wind gefahren werden. Bei raumen und Vorwindkursen wird das Achterstag entlastet, der Segeldruckpunkt wandert nach vorn.

2.6.1 HOLZSORTEN FÜR DEN MASTENBAU

Das am besten geeignete und für den Mastenbau am häufigsten verwendete Holz ist Sitka Spruce. Es stammt aus Alaska und Nordamerika, wo es bei klirrender Kälte äußerst langsam und somit engringig wächst. Es ist nahezu astfrei, langfaserig, dauerhaft und sehr gradlinig bei geringem Gewicht.

Für den Bau von Masten für das Nordische Folkeboot wurden ursprünglich die kostengünstige nordische Kiefer oder astreiche Fichte verwendet.

Für die Pfahlmasten der Traditionssegler wird meist Lärche oder Douglasie verbaut, auch Oregon Pine findet hier in der Vollholz-Leim-Version Anwendung. Diese Hölzer sind zwar verhältnismäßig schwer, jedoch auch außergewöhnlich dauerhaft und wenig fäulnisanfällig.

2.6.2 BAUARTEN, SCHADENBILDER UND DEREN INSTANDSETZUNGSMÖGLICHKEITEN

Im Wesentlichen kann zwischen drei Bauarten von Holzmasten unterschieden werden:

1. Verleimte Vollholzmasten
2. Verleimte, hohle Masten, aus mehreren Teilen rechteckig, oval oder rund verleimt; auf klassischen Yachten werden ausschließlich verleimte Masten gefahren.
3. Pfahlmasten, aus einem massiven Baumstamm »gehauen«. Diese Masten werden meist auf Traditionsseglern oder Arbeitsschiffen eingesetzt.

Verleimte Vollholzmasten

Verleimte Vollholzmasten sind in der Regel auf kleineren Booten wie z. B. Folkebooten oder Drachen zu finden, bei denen das Gewicht eines Vollholzmastes im Verhältnis zum Bootsgewicht die Segeleigenschaften noch nicht beeinträchtigt.

Die Herstellung verleimter Vollholzmasten ist einfacher als die hohler Masten, wobei Mastenbauer und Regattasegler der Folkebootklasse in der Vergangenheit oftmals darüber diskutierten, ob die Verleimung in Quer- oder Längsrichtung vorteilhafter für den »Boatspeed« ist. Die Längsverleimung ist für den Mastenbauer allemal vorteilhafter, da die Göhl unmittelbar in die beiden mittleren verleimten Kanthölzer eingefräst werden kann. Dadurch können mehrere Arbeitsgänge gegenüber der Querverleimung gespart werden, bei der die Göhl als Halbrund-Hohlkehle in zwei Leisten gefräst und erst nach dem Verleimen des Korpus aufgesetzt wird.

Hobelwerkzeug zum Mastenbau

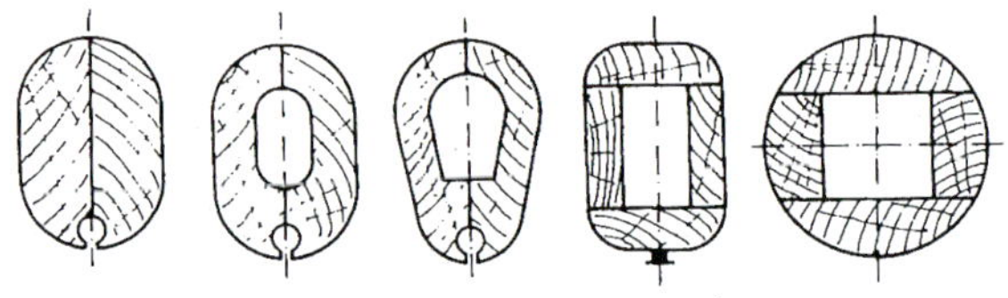

Mastquerschnitte

Typische Schäden an verleimten Vollholzmasten und deren Instandsetzungsmöglichkeiten

Die wohl typischsten Schäden an Vollholzmasten sind die sogenannte »Trockenfäule« (*vgl. Kap. 1.1, Befundung, S. 11 f.*), Faulstellen an Beschlägen und die Öffnung von Leimnähten.

Trockenfäule ist insbesondere bei lackiertem Nadelholz häufig nur schwer erkennbar, da sie vom Holzinneren her entsteht, während die Oberfläche zunächst unversehrt bleibt. Das von Trockenfäule befallene Holz hat seine Substanz verloren und stellt eine strukturelle

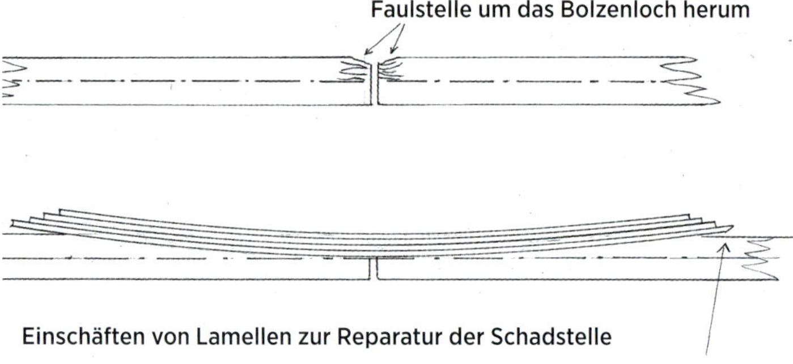

Schäftung an der Göhl eines Folkebootmastes

Schwächung des Mastes dar. Es ist zu entfernen und der Mast an der betroffenen Stelle auszuspunden (*vgl. Kap. 4, Kleinere Reparaturen – Praxisanleitung, S. 139 f.*). Ist der Befall durch Trockenfäule so weit fortgeschritten, dass eine Ausspundung nicht ausreichend ist, kann der Mast großflächig ausgearbeitet und durch Einleimen von Lamellen die strukturelle Festigkeit des Mastes wiederhergestellt werden.

Tiefe Faulstellen, die etwa von den durchgehenden Querbolzen verursacht worden sind, können ebenfalls durch eingeschäftete Lamellen beseitigt werden:

- Der Mast wird dabei auf einer abgerichteten Bohle gerade ausgerichtet, die Faulstelle konkav ausgehobelt und fein geputzt.
- Das Verhältnis zwischen der Tiefe der ausgearbeiteten Stelle und der Länge der Schäftung sollte etwa 1:24 betragen, d. h. bei 50 mm Tiefe etwa 1200 mm Länge, um eine möglichst lange Leimfläche zu erzielen. Je länger, desto besser.
- Die Lamellen sollten nach Möglichkeit der Holzart des Mastes entsprechen und werden mit Epoxidharz (oder Holzleim) mit Schraubzwingen in die Aushöhlung gepresst.
- Nach Aushärtung des Klebers kann das überstehende Holz abgehobelt werden.

Diese Prozedur wird auf der anderen Seite wiederholt. Der Mast gewinnt im Bereich der Lamellenverleimung an Festigkeit, das Biegeverhalten wird mit zunehmender Länge der Schäftung immer weniger beeinträchtigt.

Zu einer Öffnung von Leimnähten kann es sowohl durch Alterung des Leimes als auch durch einen unzureichenden Lackschutz kommen. In diesem Falle können die Nähte ausgeleistet werden (*vgl. Beschreibung »Ausleisten«, S. 40 ff*).

Insgesamt ist die Instandsetzung von Schäden an einem verleimten Vollholzmast einfacher als an einem verleimten hohlen Mast. Kleinere Ausbesserungen wie z. B. das Auspfropfen von Schraubenlöchern können in Eigenleistung ausgeführt werden. Größere Reparaturen sollten aus Sicherheitsgründen von einem Fachmann vorgenommen werden.

Ist etwa das Masttopp eines Folkebootes mit der »Hök« verfault oder beschädigt, kann der Mast geschäftet werden.

- Dabei wird das betroffene Stück so weit abgeschnitten, bis wieder »tragfähiges«, d. h. gesundes Material erreicht ist.
- Der Maststumpf wird zu einer Spitze ausgehobelt, wobei das Dicken-Längen-Verhältnis ca. 1:10 betragen sollte.
- Der anzuleimende Teil besteht aus zwei vierkantigen Hälften, die entsprechend keilförmig ausgearbeitet sind.
- Die Göhl wird eingefräst, bevor die Hälften mit dem übrigen Mast verleimt werden können.
- Die Verleimung sollte auf einer abgerichteten, sauberen Bohle durchgeführt werden, um die Teile exakt ausrichten zu können.

Bei einem Bruch des Mastes im unteren Teil, etwa noch auf Deckshöhe, kann wie oben beschrieben eine Schäftung durchgeführt werden. Liegt der Bruch deutlich höher, ist abzuwägen, ob eine Reparatur noch verhältnismäßig ist.

Masten, die mit einer eingearbeiteten Göhl ausgestattet sind, sind wesentlich gefährdeter als jene Masten, bei denen das Segel an einer Schiene mit Rutschern läuft. Zwar wirkt die Göhl eleganter und ist sicherlich auch aerodynamischer als die Schiene, sie birgt jedoch auch Nachteile: Die filigran dünne Wandung der Göhl ist sehr empfindlich und kann beim Niederholen des Segels durch das Kopfbrett beschädigt werden. Für das Einführen des Segels ist ein sogenannter »Feeder« erforderlich, der verhindert, dass die Göhl beim Setzen des Segels unten ausreißt.

Eine ausgerissene Göhl lässt sich oftmals noch mit Tapestreifen und kleinen Keilchen in Position bringen und mittels angedickten Epoxidharzes verkleben.

Ist ein Teil der Göhl irreparabel zerstört, kann auch hier ein Teilstück hergestellt und eingeschäftet werden.

Verleimte hohle Masten

Für den Bau verleimter hohler Masten wird bevorzugt Sitka Spruce verwendet. Die Querschnitte variieren zwischen eckig mit abgerundeten Ecken, oval oder rund.

Der eckige Kastenmast ist am einfachsten zu bauen. Hier werden die vier Seitenhölzer zur vollen Länge zusammengeschäftet und zu einem Kasten verleimt. Bevor die letzte Lage aufgeleimt, der Kasten also geschlossen wird, ist das Innenleben des Mastes zu gestalten.

Für die Querverbolzungen der Beschläge für die Wantenaufnahmen sind Füllstücke aus dem gleichen Holz – oder Hartholz – vorgesehen, um den Pressdruck der Bolzen aufzunehmen und den Schrauben für die Fingerenden der Beschläge »Fleisch« zu bieten.

Am Topp und am Fuß wird der Mast ebenfalls mit Füllstücken zu einem »massiven« Stück ausgeführt, da hier die Fallwinschen, der Lümmelbeschlag und oben der Rollen-

Nicht mehr zu rettender Folkebootmast aus Spruce

Rohmaterial zum Verleimen eines Mastes

Verleimen eines Mastes

Querschnitt eines verleimten Mastes mit Anzeichnung des Profils

Vorbereitung der Kabelführung

Aushobeln des ovalen Außenprofils eines verleimten Mastes

Kontrolle der Mastkontur mittels Schablonen

Aushobeln des Innenprofils

Eine moderne Art der Formgebung hölzerner Masten ist das Fräsen mittels CNC-Fräse

kasten (Scheibengatt) mit der Fallscheibe montiert werden.

Die Füllstücke werden an den Enden keilförmig ausgeschärft, um Spannungsspitzen, die zu Querbrüchen führen könnten, zu vermeiden.

In den meisten Fällen laufen Kabel für die Beleuchtung und die Mastelektronik durch den Mast, die in Kabelrohren von oben nach unten geführt werden.

Selten wird das laufende Gut innen durch den Mast geführt; ist dies aber der Fall, sollten idealerweise Tauwerk oder Draht ebenfalls in Rohren durch den Mast geführt werden, um den Transport von Nässe oder Feuchtigkeit in das Mastinnere sowie das Klappern der Fallen im Mast zu vermeiden.

Ovale und runde Masten werden ebenfalls mit Verstärkungen im Inneren ausgestattet, sind jedoch im Gegensatz zu den Kastenmasten wesentlich anspruchsvoller in der Herstellung.

Für ein ovales Profil kann die oben genannte Technik der Kastenverleimung angewendet werden, wobei die Seitenbretter innen, der äußeren Form folgend, ausgekehlt werden, sodass die Wandung an jeder Stelle die gleiche Dicke aufweist.

Für runde Masten werden rund ausgekehlte Teilstücke (wie Tortenstücke) an die schmalen Kanten geschmiegt, sodass sie eine runde Form ergeben, nach oben passend verjüngt und miteinander verleimt. Runde Masten werden zunächst in zwei Hälften gebaut, das Innenleben vorbereitet und anschließend verleimt.

Füllstücke für Beschläge mit ausgeschärften Enden

Mastbeschlag aus Bronze

Schäden an verleimten, hohlen Masten und deren Instandsetzung

Es ist theoretisch möglich, einen gebrochenen hohlen Mast zu schäften. Jedoch bewegt sich dieser Aufwand meist jenseits jeglicher Wirtschaftlichkeit und soll aus diesem Grund hier nicht näher beschrieben werden.

Viel häufiger hingegen tritt bei verleimten hohlen Masten das Problem der geöffneten Leimnähte auf. Eine offene Fuge ist nicht immer auf Anhieb zu erkennen. Verleimte Masten sollten daher regelmäßig sorgfältig auf lose Leimfugen untersucht werden, um größeren und sicherheitsrelevanten Schäden vorzubeugen.

Sind offene Leimnähte vorhanden, können diese wie auch bei den verleimten Vollholzmasten ausgeleistet werden (*vgl. Beschreibung »Ausleisten«, S. 40 ff*). In manchen Fällen bietet ein vorsichtiges Aufkeilen der betroffenen Nähte und eine Neuverklebung mit Epoxidharz eine Alternative zur Ausleistung.

Schäden an Holzmasten allgemein

Die Hauptursachen für Schäden an Masten sind Bedienungsfehler und Wartungsmängel. Die jährliche Überprüfung des Zustandes beim Ziehen des Mastes im Herbst ist unerlässlich.

Eine häufige Ursache für Fäulnis an Holzmasten sind die durchgehenden Bolzen der Saling- oder Jumpstagbeschläge. Durch die Zugkräfte der Wanten können sich die Bolzen seitlich nach unten verformen, sodass ein Langloch am äußeren oberen Rand des Mastes entsteht. Hier kann Wasser einziehen und Fäulnisschäden verursachen. Die Schäden entstehen zunächst meist im Inneren und sind somit äußerlich nicht sofort sichtbar. Auch Verschraubungen von Beschlägen können zu Fäulnisschäden führen. Der Mastfuß ist ebenfalls fäulnisgefährdet (*vgl. Bild S. 10 oben links*). Steht der Mast an Deck in einem Fußbeschlag aus Metall oder unter Deck in der Mastspur, ist durch Abläufe dafür zu sorgen, dass kein Wasser in das untere Hirnholz des Mastes ziehen kann. Dies gilt auch für Nockbeschläge an Großbäumen.

Ein verbreiteter Bedienungsfehler, der zu Mastschäden führen kann, ist die Überlastung durch eine andauernde zu starke Biegung des Mastes oder dynamische Belastungen im Segelbetrieb. Auf diese Weise kann es zu Stauchbrüchen quer zur Faser kommen, die zum Teil nur bei genauer Begutachtung des Mastes erkennbar sind und die Festigkeit des Mastes erheblich verringern.

3. MATERIALIEN

3.1 BOOTSBAUHÖLZER DER STOFF, AUS DEM DIE BOOTE SIND – BOOTSBAUHÖLZER UND DEREN BESCHAFFUNG

3.1.1 AUSSEREUROPÄISCHE HÖLZER

Teakholz

Teak-Blockware

Teakholz wird hauptsächlich für Decks und Aufbauten verwendet, aufgrund seiner schönen Färbung auch für Innenausbauten. Nicht selten wurden Yachten auch vollständig aus Teak gebaut.

Durch seine besonderen Eigenschaften zählt Teakholz zu den besten aller Bootsbauhölzer. Das Schwindmaß ist gering, dadurch »steht« das Holz sehr gut, was bedeutet, dass es durch Feuchtigkeitsaufnahme oder Trocknung nur wenig arbeitet. Teakholz ist in hohem Maße resistent gegen Fäulnis und Pilzbefall.

Es sind auch fertige Teak-Stäbe im Handel erhältlich

Die Beschaffung bzw. der Import von Teakholz ist für Holzhändler angesichts einer veränderten Gesetzeslage in jüngster Zeit erheblich schwieriger geworden. Die großen, guten Partien gehen meist an Großabnehmer. Es handelt sich hier nicht um Hölzer aus dem Plantagenanbau, die sich eher für Gartenmöbel denn für den Yachtbau eignen. Plantagenhölzer wachsen unter optimalen Bedingungen sehr schnell, was an den ungewöhnlich breiten Jahresringen deutlich erkennbar ist. Diese Hölzer sind für den Yachtbau unbrauchbar.

Für jede Holzsorte gilt: Je ungünstiger das Wachstumsgebiet, desto langsamer wächst der Baum, desto enger sind die Jahresringe und desto härter, fester und dauerhafter – allerdings auch schwerer – ist das Holz. In diesem Fall: desto besser für den Bootsbau!

Handelsformen von Teakholz

Der »Profi« und Werftbesitzer geht zum Direktimporteur, wo er Teakholz in unterschiedlichen Abmessungen erwerben kann. Auch für den Restaurator einer klassischen Yacht kann ein Besuch bei einem Großhändler sinnvoll sein.

Stammware ist im normalen Handel so gut wie nicht mehr erhältlich. Unbesäumte Blockware (mit Rinde) ist ebenfalls nicht mehr erhältlich. Stattdessen beschränkt sich der Import ausschließlich auf besäumte Kanthölzer. Doch worauf ist bei der Holzauswahl, beispielsweise für ein Teakdeck, zu achten?

Engringigkeit

Die Jahresringe sollten möglichst eng sein. Dies erkennt man am besten über das Hirnholz.

Geradwüchsigkeit

Die Maserung sollte möglichst geradlinig oder in einer strakenden Krümmung verlaufen, wie man sie für Leibhölzer von Teakdecks nutzen kann.

Rissbildungen

Im Faserverlauf; besonders an den Stirnseiten (Hirnenden) kann starke Rissbildung vorkommen.

Wurmlöcher

Teakholz wird zum Teil vom »groben Wurm« (Mulot) befallen. Hier handelt es sich um bis zu Daumendicke große Löcher, die Kalkablagerungen an den Wandungen aufweisen.

Querbrüche

Es können Brüche quer zum Faserverlauf auftreten, die beim Fällen des Baumes entstanden sind – bei Teakholz jedoch relativ selten.

Astigkeit

Auch bei Teakholz können störende Äste auftreten.

Deckings oder Rifts

Es gibt vorgefertigte Decksstäbe ab 6 mm, die in unterschiedlichen Breiten mit und ohne Falz geliefert werden können. Wenn man keine Möglichkeit hat, selber Decksstäbe aus Bohle zu schneiden, sind diese »Rifts« äußerst interessant, da der Preis gut kalkulierbar ist und kein Verschnitt anfällt. Um stehende Jahresringe für ein anspruchsvolles Deck zu erhalten, dürfen die Jahresringe nicht flacher liegen als 45°.

Mittelamerikanische Mahagoniarten

Es sind mehr als 120 Mahagoniarten bekannt, von denen manche jedoch bereits nicht mehr erhältlich sind.

Tabasco-Mahagoni und Honduras-Mahagoni

Tabasco-Mahagoni stammt aus Mexiko, Honduras-Mahagoni aus Mittelamerika und Kuba. Es sind die berühmtesten Arten dieser edlen Hölzer. Viele klassische Yachten sind mit diesen Hölzern aufgeplankt worden. Bearbeitet man sie, bekommt man noch heute einen Eindruck von der außergewöhnlichen Qualität dieser Hölzer, die heute zumindest in Europa nicht mehr auf dem Markt sind.

Swietenia macrophylla

Swietenia macrophylla ist eine weitere Sorte Mahagoni, die noch heute erhältlich ist.

Es ähnelt in seinen Eigenschaften dem Honduras- oder Tabasco-Mahagoni. Das Holz hat eine hohe Dichte, eine dunkle Färbung und ist sehr feinporig. Es ist zudem äußerst gleichmäßig gewachsen und lässt sich deshalb gut bearbeiten (ein Kollege sagte einmal: »Das lässt sich hobeln wie Marzipan!«).

Nach der Bearbeitung dunkelt es unter dem Einfluss von UV-Strahlung noch nach und, vor der Lackierung einmal gebeizt, behält es sehr lange seine dunkle Färbung.

Swietenia macrophylla wird leider nicht als Stamm- oder Blockware importiert, sondern lediglich als Schnittware unterschiedlicher Stärke und Breite bis zu fünf Meter Länge. Man hat somit auf die Maserung keinen Einfluss und muss zum Teil recht »blumige« Stücke in Kauf nehmen. Gleichwohl eignet sich Swietenia macrophylla sehr gut für den Austausch naturlackierter Außenhautteile an Honduras- oder Tabasco-geplankten Rümpfen, oder, wegen seines guten »Stehvermögens«, für Bauteile wie Luken, Türen, Setzbordleisten und Cockpitausbauten.

Cedrela ordorata – auch Cedro genannt.

Dieses ausgesprochen leichte (Zigarrenkisten-)Holz stammt aus Mittel- bis Südamerika und gehört ebenfalls zu den Mahagonigewächsen. Besonders gut eignet es sich für hölzerne Dinghis, Rennruderboote usw., nicht jedoch für Bauteile, die stetig der Feuchtigkeit oder dem Wechsel von Nass und Trocken ausgesetzt sind. Es kommt als Schnittware in den Handel, ist recht weich und lässt sich demzufolge leicht bearbeiten.

Afrikanische Mahagoniarten

Sipo

Diese Mahagoniart ist eine unkompliziert zu bearbeitende, günstige afrikanische Holzart und kann nahezu für alle Zwecke eingesetzt werden. Es ist als Stamm- oder Blockware in großen Abmessungen von bis zu über zehn Meter Länge erhältlich. Werften lassen sich die Stämme nach ihren spezifischen Bedürfnissen einschneiden. Sipo hat eine eher rötliche Färbung, bleicht jedoch auch gebeizt verhältnismäßig schnell wieder aus. Die Maserung ist unstrukturiert, meist fladerig. Es lässt sich gut hobeln und arbeitet nicht zu stark.

Bei der Auswahl des Holzes ist neben der Gefahr von Längsrissen insbesondere auf Querbrüche zu achten, die beim Fällen des Baumes entstehen können. Es handelt sich hier um sogenannte »Fällbrüche«. Sie sind an der Oberfläche der gesägten, rauen Bohle oft nur schwer zu erkennen, selbst am gehobelten Werkstück kann man sie noch übersehen. Unter Umständen werden sie erst sichtbar, wenn die erste Lackschicht aufgetragen wird, wenn es also bereits zu spät ist! Diese Art von Brüchen ist sehr kurzfaserig, sodass keine Festigkeit des Holzes in Faserrichtung mehr gewährleistet ist.

Sapeli

Dieses Holz ist wesentlich schwerer als die übrigen afrikanischen Mahagoniarten. Es hat eine ästhetisch sehr ansprechend strukturierte Maserung, weshalb es häufig für Innenausbauten verwendet wird. Auch für lackierte Leibhölzer und Mittelfische auf Stabdecks ist es gut geeignet. Die Verarbeitung dieses Holzes ist jedoch etwas problematisch. Es ist ein wenig spröde und wechselt seine Faserrich-

Mahagoni in einem Werftlager

Sipo-Furnier mit blumiger Maserung

tung innerhalb weniger Zentimeter Breite, was beim Hobeln immer wieder zu einem Ausreißen an der Oberfläche führt. Dennoch ist Sapeli auch bei Tischlern wegen seiner attraktiven Erscheinung äußerst beliebt und deshalb auch bei den meisten Holzhändlern erhältlich. Beim Kauf ist auch hier auf Querbrüche und Längsrisse zu achten.

Khaya

Khaya ist ein helleres, leichtes, dauerhaftes Holz mit einer bräunlichen Färbung. Botanisch ist es mit Swietenia verwandt. Die Maserung ist meist fladerig, aber gleichmäßig. Es lässt sich sehr gut bearbeiten und eignet sich gut für Leibhölzer, Mittelfisch und Außenhautbeplankungen. Moderne Holzyachten werden häufig formverleimt aus Khaya-Furnieren hergestellt, die hochfeste und leichte Rümpfe mit einem schönen Erscheinungsbild der Außenhaut ermöglichen.

Kambala – auch Iroko genannt

Der Engländer bezeichnet es treffend als cheap teak. Es kann in gewaltigen Abmessungen geliefert werden, hat eine etwas gelblichere Färbung als Teakholz und ist etwas spröder. Es ist äußerst hart und dauerhaft. Durch Wechselwuchs neigt es beim Hobeln zum Ausreißen. Beim Auftrennen kann es sich aufgrund innerer Spannungen leicht verwerfen. Zudem reizt der Staub beim Bearbeiten die Haut und die Atemwege. Wegen seiner guten Leimfähigkeit eignet es sich hervorragend für verleimte Kielbalken, Steven oder Tothölzer auf größeren hölzernen Schiffen. Es wird als Block- und Stammware importiert und kann im Sägewerk nach Anforderung eingeschnitten werden.

Nordamerikanische Hölzer

Sitka Spruce

Diese Fichtenart stammt ursprünglich aus Alaska und wurde später an der Pazifikküste Nordamerikas angepflanzt. Die Stämme können bei einem Durchmesser von bis zu vier Metern 50 bis 70, in seltenen Fällen über 90 Meter Länge erreichen. Gut gepflegte Stämme sind nahezu astfrei. Das Holz hat eine weißlich-gelbe Färbung, weshalb es auch »Silberspruce« genannt wird. Es ist sehr engringig und feinporig und besitzt bei einem ausgesprochen vorteilhaften Gewichts-Festigkeits-Verhältnis eine durch seine Langfaserigkeit bedingte hohe Elastizität. Aufgrund dieser Eigenschaften eignet sich Spruce sehr gut für den Bau von Masten und Spieren. Bei der Auswahl ist auf Rissbildungen und Harzgallen zu achten.

Oregon Pine

Die Herkunft ist nicht schwer zu erraten. Durch den höheren Harzanteil ist diese Holzart schwerer und härter als Spruce und möglicherweise auch dauerhafter. Je nach Wachstumsbedingungen sind bei diesem Holz sehr feinjährige und engringige Bohlen erhältlich. Es wird ebenfalls für Masten und Spieren, häufig auch für lackierte Decks, beispielsweise auf Schärenkreuzern, eingesetzt. Traditionsschiffe und Großsegler schätzen Oregon Pine auch in Form von unbehandelten Decksplanken.

Spruce-Stämme und deren Verarbeitung in Kanada

Spruce-Masten

Oregon Pine

Aufgrund seiner Maserung hat Eichenholz einen hohen Wiedererkennungswert

Eichensteven und Ruder an Mahagonirumpf

3.1.2 EUROPÄISCHE HÖLZER UND SPERRHÖLZERR

Eiche

Eichenholz ist der klassische Werkstoff für Kiele, Steven, Bodenwrangen und Spanten.

An Dauerhaftigkeit, Härte und Festigkeit wird es von keinem europäischen Holz übertroffen. In engem Baumbestand können die Eichen schöne, gerade und astarme Stämme entwickeln, die insbesondere für Kielbalken, Steven oder Planken geeignet sind. Freistehende Bäume, sogenannte Solitäreichen, entwickeln eher kürzere Stämme mit weit ausladenden Kronen. Hier finden wir Krummhölzer für gewachsene Spanten und Bodenwrangen. Wegen seiner Verrottungsfestigkeit und Elastizität scheint Eichenholz durchaus für Beplankungen geeignet. Jedoch ist die Volumenveränderung durch Schwinden und Quellen sehr stark, sodass sich bei karweel geplankten Booten häufig eine deutliche Nahtbildung zwischen den Plankengängen abzeichnet.

Wird Eichenholz dennoch zur Beplankung verwendet, sollte darauf geachtet werden, dass Hölzer mit stehenden Jahresringen verarbeitet werden, da das Arbeiten des Holzes hier kalkulierbarer ist. Diese Hölzer verwerfen sich weniger stark, sondern arbeiten vielmehr in die Breite. Eichenholz mit stehenden Jahresringen wirkt durch die Spiegelungen der Markstrahlen besonders ausdrucksstark.

Astfreie Eiche lässt sich sehr gut dämpfen, weshalb das Holz für eingebogene Spanten besonders gut geeignet ist. Sollen lamellierte Spanten aus Eichenholz hergestellt werden, ist zu beachten, dass es hier zu Problemen kommen kann. Die alte Bootsbauerweisheit »Eiche auf Eiche leimt nicht« wird zur bitteren Wahrheit, wenn an einem Boot mit lamellierten Eichenspanten festgestellt wird, dass der Leim aufgibt, kristallisiert, und sich die Lamellen voneinander lösen (*vgl. Kap. Lamellierte Spanten, S. 67 ff*). Diese Problematik ist bedingt durch den hohen Gerbsäuregehalt der Eiche. Während traditionell Resorcinharzleim verwendet wurde, bieten heutzutage spezielle Epoxidharzkleber bessere Möglichkeiten für dauerhafte Verleimungen/Verklebungen dieser Holzart.

Die Gerbsäure der Eiche setzt auch Eisenverbindungen stark zu. Selbst verzinktes Eisen wird angegriffen und es kann zu gravierenden Korrosionserscheinungen kommen (*vgl. Kap. 1.3, Korrosion an hölzernen Yachten, S. 14 ff*).
Handelsformen: Blockware in allen Stärken, meist kammergetrocknet, ist bei jedem Holzhändler zu erhalten; Krummholz für Spanten, Steven und Bodenwrangen ist ebenfalls leicht erhältlich.

Esche

Eschen wachsen zu geraden und hohen, nahezu astfreien Stämmen heran, die überall in Deutschland gehandelt werden.

Das Holz ist hart, sehr elastisch und hat eine gleichmäßige Maserung bei einer weiß-gelblichen Färbung. Es neigt aber eher als Eichenholz zur Verrottung und ist deshalb im Yachtbau nur bedingt einsetzbar. Es wird unter Einfluss von Feuchtigkeit schnell schwarz und »stockig« bis zur Verrottung. Gleichwohl wird Eschenholz häufig für eingebogene Spanten verwendet, da es sich hervorragend dämpfen und biegen lässt. Für Bauteile »unter Aufsicht« wie Salinge, Riemen oder Flaggenstöcke ist es ebenfalls gut geeignet. Unvergleichlich schön (aber pflegeintensiv!) ist eine lackierte Eschen-Kammleiste auf einem lackierten Mahagoni-Setzbord.

Handelsformen: Als Blockware unterschiedlicher Dicken und Längen ist Esche bei jedem Holzhändler in Deutschland erhältlich.

Fichte

Fichtenholz wurde wegen seines geringen Gewichts häufig als Decksbeplankung oder für Kajütdächer und Decksbalken verwendet. Es ist ein sehr helles bis weißes Nadelholz, das schnell wächst und demzufolge recht weich und fäulnisanfällig ist. Meist ist eine sogenannte »Blaufäule« schon beim Holzhändler festzustellen. Die heimischen Fichten sind sehr astreich und eignen sich daher eher als Konstruktionsholz für den Hausbau.

Kiefer

Kiefernholz wird für den Bootsbau hauptsächlich in Skandinavien und in den baltischen Ländern eingesetzt. Das raue nordische Klima lässt ein widerstandsfähiges Nadelholz mit einem hohen Harzanteil heranwachsen. Zahlreiche Schärenkreuzer, Fischer- und Ruderboote sind in Schweden aus Kiefer gebaut worden. Bekannt ist die blumige Kalmar-Kiefer, aus der der schwedische Bootsbauer Mats Selden zahlreiche Folkeboote gebaut hat.

Lärche

Dieses Nadelholz hat eine etwas rötlichere Färbung als Oregon Pine. Durch den außerordentlich hohen Harzgehalt ist Lärche sehr

Blockware

Kanteln

Holzlager in einer Werft

widerstandsfähig. Die Qualität hängt stark vom Wachstumsgebiet ab. Lärche aus dem Schwarzwald und den Hochlagen der Alpen sowie sibirische Lärche gilt als die hochwertigste. Lärche wurde von Henry Rasmussen für die Außenhautbeplankung der von A&R gebauten Yachten selbst gegenüber Mahagoni bevorzugt.

Handelsformen: Stammware und Blockware unterschiedlicher Dicken und astarme Längen gibt es bis zu zehn Meter, selten auch länger. Die Durchmesser der deutschen Lärchen betragen etwa 50 bis 60 cm. Bootsbauer lassen sich die Stämme nach ihren spezifischen Anforderungen einschneiden. Die sibirische Lärche wird als unbesäumte Blockware von ca. 25 bis 50 cm Breite und Dicken von 52, 65 und 78 mm eingeführt. Bei den meisten Holzhändlern sind auch einzelne Bohlen erhältlich.

Douglasie

Douglasie, die sogenannte »Douglastanne«, stammt ursprünglich aus Nordamerika. Sie wurde erfolgreich nach Europa importiert und auch hier angesiedelt. Da sie einen geringeren Harzanteil besitzt und schneller wächst, ist sie weicher und leichter als Lärche, jedoch auch anfälliger für Fäulnis. Die Douglasie weist eine sehr gleichmäßige Maserung auf und wird wegen ihres geringeren Gewichtes vor allem für Pfahlmasten und Spieren auf größeren Traditionsseglern verwendet.

Handelsformen: Das Holz gibt es als Blockware unterschiedlicher Länge und Dicke.

Sperrhölzer und Furniere

Sperrhölzer (plywood)

finden bei klassischen Yachten höchstens im Innenausbau und als subdeck Anwendung (*s. Kap. 2.4, Decks auf klassischen Yachten, S. 79 ff*). Durch die »gesperrten«, im 90°-Winkel zueinander wasser- und kochfest verleimten Furnierlagen besteht, anders als bei Vollholz, keine Gefahr des Reißens bei größeren Flächen. Das Sperrholz »steht« besser, d. h. es verzieht sich weniger leicht und verändert sein Volumen nicht durch Feuchtigkeitseinflüsse.

Auf dem Markt sind Bootsbausperrhölzer mit Deckfurnieren aus Sipo-Mahagoni, Sapeli, Khaya, Teak, Oregon Pine, Kirsche und einige mehr erhältlich.

Beim Kauf von Sperrholz ist zu überlegen, welches Produkt für welchen Zweck eingesetzt werden soll. Der optisch maßgebliche Unterschied liegt in der Maserung der Deckfurniere. Man unterscheidet »gemessertes« und »geschältes« Furnier. Ersteres wird längs zur Stammebene mit Messern geschnitten, sodass wie beim Sägen von Bohlen oder Brettern aus einem Stamm die natürliche Maserung erhalten bleibt. Derartige Deckfurniere eignen sich gut für den sichtbaren, klarlackierten Innenausbau oder für Lukendeckel, wenn auf Vollholz verzichtet werden soll.

Funier

Das »geschälte« Furnier hingegen wird hergestellt, indem die Furnierlagen von außen von einem rotierenden Stamm geschält werden. Hierbei entsteht eine unnatürliche und unstrukturiert wirkende »wilde« Maserung des Deckfurniers. Das »geschälte« Sperrholz ist minderwertiger und deutlich günstiger als das »gemesserte«, da das Schälen weitaus ergiebiger ist als das Schneiden. »Geschältes« Sperrholz ist einsetzbar für Bereiche wie Schrankböden, nicht sichtbare Schotten und dergleichen.

Entscheidend für die Wahl des richtigen Sperrholzes ist neben der Maserung auch die Dicke des Deckfurniers. Es gibt hauchdünne Deckfurniere von 0,2 bis zu 2,5 mm. Ist damit zu rechnen, dass naturlackierte Flächen eines Tages einmal abgezogen und neu lackiert werden müssen, sollte ein ausreichend dickes Deckfurnier gewählt werden. Auch bei roh belassenen Flächen, wie zum Beispiel den Seitenflächen einer Cockpitwanne aus gemessertem Teaksperrholz, darf das Deckfurnier nicht zu dünn gewählt werden, da die Leimschicht durch natürliche Erosion zu schnell durch das Deckfurnier durchschlagen könnte. Wichtig für die Wahl des richtigen Sperrholzes ist – abgesehen vom Deckfurnier – auch die Qualität der Innenlagen. Für gutes, fäulnisbeständiges Material sollten die Innenlagen in ihrer Holzart den Außenlagen entsprechen.

Zur Bewertung der Güte eines Sperrholzes werden die Hölzer in Festigkeitsgruppen (F1, F2, …) eingeteilt. Die höchste Güteklasse ist mit einem Stempel des Germanischen Lloyd (DNV-GL) versehen. Selbstverständlich sollte jedes für den Bootsbau eingesetzte Sperrholz nach DIN AW 100 kochfest, seewasserfest und tropenfest verleimt sein.

Durch Austrocknung verursachte Rissbildung in einem verleimten Rumpf

Durch Austrocknung verursachte Rissbildung in einem verleimten Rumpf

3.2 BESCHICHTUNGEN

3.2.1 ABZIEHEN UND SCHLEIFEN

Sind die Farbschichten eines Holzrumpfes durch Alterung porös geworden und neigen zur Rissbildung, ergibt sich die Notwendigkeit, die Beschichtung bis auf das rohe Holz zu entfernen und zu erneuern.

In manchen Fällen steht auch der Wunsch dahinter, einen farbig gestrichenen Rumpf wieder mit Klarlack zu versehen. Das führt aber nicht selten zu Enttäuschungen, da das Holz des Überwasserschiffes, zum Beispiel aufgrund von schwarzen Stellen an den Niet- oder Schraubverbindungen, nicht das erwartete Erscheinungsbild hat.

Beim Abziehen eines hölzernen Rumpfes ist die Gefahr des Austrocknens besonders hoch. Es empfiehlt sich daher, nach und nach vorzugehen und das rohe Holz nicht zu lange der Luft auszusetzen. Andernfalls kann es – unter Umständen bereits nach wenigen Tagen – durch den Austrocknungsprozess zu einer starken Schrumpfung des Holzes und in der Folge zu Rissbildungen oder Öffnungen von Planken- bzw. Leimnähten kommen.

Abziehen und Schleifen des Unterwasserschiffes

Wer die Möglichkeit hat, sein Unterwasserschiff abstrahlen zu lassen (Eis- oder Sandstrahlen, Abstrahlen mit Walnussschalen), erspart sich viel Kraft und Zeit.

Entscheidet man sich, sein Unterwasserschiff per Hand abzuziehen, ist der erste wichtige Schritt neben geeigneter Schutzkleidung

(Anzug, Brille, Maske) die Wahl des richtigen Werkzeuges. Für das verhältnismäßig grobe Holz der Planken im Unterwasserbereich eignet sich ein 50 mm breiter »Schaber« mit gehärteten Wechselklingen (Toplicht), der auch als an den Staubsauger anschließbarer »Vacuum-Scraper« erhältlich ist.

Soll nur das Unterwasserschiff abgezogen werden, kann der Wasserpass mit einem Tape geschützt werden. Nach dem groben Abziehen der großen Flächen kann die Grenzlinie mit einem kleineren Kratzer bearbeitet werden.

Das Abziehen des Unterwasserschiffes ist ein mutiges Unterfangen, denn es kann zu unliebsamen Überraschungen kommen: faules Holz an den Plankenstößen, heraustretende Pfropfen bzw. Feuchtigkeit an korrodierten metallischen Verbindungen (nail sickness), schadhafte Plankennähte, Faulstellen in den Sponungen oder am Heckspiegel …

Eine besondere Herausforderung ist das Abziehen von Unterwasserschiffen mit Klinkerbeplankung. Hier muss besonders umsichtig vorgegangen werden, um die Landungen und die Fasen der Planken nicht zu beschädigen. Insbesondere an schwer zu behandelnden Stellen wie zum Beispiel den Ecken der Landungen hat sich meist eine besonders hohe Schichtdicke der alten Beschichtung gebildet. Ist der Großteil der alten Beschichtung abgezogen, kann mit dem Schleifen begonnen werden. Hierfür ist ein Rotations- oder Excenterschleifer (z. B. Mirka, Festool) besonders geeignet. In zwei Schleifgängen (80er- und 120er-Körnung) können Beschichtungsreste aus den Poren der Beplankung entfernt und die Außenhaut geglättet werden. Auch beim Schleifen ist bei klinkerbeplankten Unterwas-

Schleifen eines Unterwasserschiffes

»Bretten« (Schleifen) zur Glättung der Außenhaut

serschiffen Vorsicht geboten. Hier sollte statt eines Rotationsschleifers ein »Rutscher« (z. B. Festool RTS 400 REQ-Plus) verwendet werden.

Abziehen und Schleifen eines farbig lackierten Freibordes

Wie beim Abziehen des Unterwasserschiffes muss hier vor dem Beginn des Kratzens der Wasserpass markiert werden. Soll der gesamte Rumpf abgezogen werden, kann dies durch das Einschlagen kleiner Nägel an der Wasserlinie geschehen. Das Procedere des Abziehens gleicht dem des Unterwasserschiffes und kann durch den Einsatz eines Warmluftföhns erleichtert werden.

Das Schleifen erfolgt in zwei Schritten:

- Zur groben Entfernung von Farbresten kann wie beim Unterwasserschiff ein Rotationsschleifer bzw. »Rutscher« verwendet werden.
- Bei einer nicht-klinkerbeplankten Außenhaut erfolgt der zweite Schleifgang mit einem Schleifbrett (longboard), um eine ebene, strakende Oberfläche zu erzeugen.
- In einem Zwischenschritt kann eine erste Grundierung aufgetragen werden, die die Unebenheiten besser sichtbar macht und, falls erforderlich, einen Haftgrund für Spachtelmasse bietet.
- Das Schleifen mit dem Brett erfolgt vorzugsweise zunächst in diagonaler Richtung und dann in Längsrichtung – zunächst mit grobem Schleifpapier (ca. 80er-Körnung), dann immer feiner werdend bis 120er oder 150er. Bei Naturlackierungen sogar bis zu 240er.
- Schleifpapier sollte nicht im Baumarkt, sondern im Fachhandel beschafft werden!

Abziehen und Schleifen eines klar lackierten Freibordes und von Naturholzteilen über und unter Deck

Beim Abziehen des Freibordes eines klar lackierten Rumpfes ist besonders behutsam vorzugehen, damit keine Unebenheiten in der Oberfläche entstehen. Vom Benutzen einer Lackfräse ist abzuraten, da bei Gebrauch dieses Werkzeuges das Einarbeiten von Riefen oder Kratzern kaum zu verhindern ist.

Bestenfalls wird hier ein guter und regelmäßig (mit einem elektrischen Schleifstein) zu schärfender »Yacht-Schrabber« (Toplicht u. a.) in Verbindung mit einem Heißluftfön verwendet. Die äußeren Lackschichten lassen sich auf diese Weise zügig entfernen.

Durch die UV-Einstrahlung ist das Holz des Freibordes meist ausgeblichen, d. h. die Oberfläche ist heller (bei Mahagoni meist gelblich) als das darunterliegende Holz. Nach dem Entfernen der äußeren Lackschichten kann mithilfe des scharfen »Yacht-Schrabbers« bzw. einer Abziehklinge auf schonende Art und Weise wieder eine natürliche dunklere Holzfärbung erreicht werden. Die im Handel erhältlichen Schaber mit gehärteten Klingen sind nicht ausreichend scharf, um rohes Holz bis auf die tieferen Ebenen abzuschaben. Auch das Schleifen mit der Maschine ist zur Wieder-Sichtbarmachung des natürlichen Farbtones nicht zu empfehlen, da hier wie bereits erwähnt eine erhöhte Gefahr besteht, Unebenheiten in der Oberfläche zu erzeugen.

Nachdem durch vorsichtiges Abschaben ein einheitliches natürliches Farbbild auf der Holzoberfläche wiederhergestellt wurde, kann mit dem Schleifen begonnen werden.

Ein erster Schliff kann vorsichtig mit einer guten Schleifmaschine (Mirka Deros, mit Abranet 120er-Körnung) erfolgen. Die darauf folgenden Schliffe müssen, wie im *Kap. 3.2.1, Abziehen und Schleifen eines farbig lackierten Freibordes, S. 121*, beschrieben, mit Schleifbrettern durchgeführt werden. Im Fachhandel sind verstellbare Schleifbretter mit Absaugemöglichkeit erhältlich, die sich an die jeweilige Außenhautkrümmung anpassen lassen.

Ausdrückliche Empfehlung!
Sowohl für Hand- als auch für Maschinenschliffe sind Schleifmittel von Abranet hervorragend geeignet, leicht und vielseitig in der Handhabung. Sie ermöglichen ein nahezu staubfreies Schleifen und verhindern, anders als herkömmliches Schleifpapier, aufgrund ihrer luftdurchlässigen Gitterstruktur Festsetzungen und »Verklumpungen« auf dem Schleifmittel.

Abziehen mit Wärme

Abziehen mithilfe eines »Yacht-Schrabbers« (geschärfter Kratzer)

Schleifen mit »Rutscher« (Schwingschleifer) und Abranet

3.2.2 KONSERVIERUNG IM UNTERWASSERBEREICH

Im Unterwasserbereich schützen die als Grundierung aufgetragenen Primerschichten das Holz vor zu viel Feuchtigkeitsaufnahme und somit vor Fäulnisbefall. Das Antifouling schützt vor Pocken- und Muschelbesatz.

Konservierung von rohen Holzrümpfen

Soll ein Unterwasserschiff komplett abgezogen und die Beschichtung wiederaufgebaut werden, ist der Rumpf vor der Konservierung auf Mängel zu untersuchen. Faule Hölzer sollten ersetzt, korrodierte Metallteile möglichst erneuert werden.

Pflegebedürftiges Unterwasserschiff

Mangelhafte Konservierung eines Unterwasserschiffes

- Es ist sinnvoll, den rohen Rumpf mit einem Fungizid wie Asuso Holzimprägnierung, IMP oder Boracol zu imprägnieren, um ihn vor Fäulnis zu schützen. Bei traditionell geplankten Yachten folgt ein Anstrich mit einem elastischen Chlorkautschukprimer wie z. B. Owatropal, International Primocon oder Epifanes CR Antifouling-Primer. Verleimte Rümpfe können mit einem Zwei-Komponenten-Primer wie z. B. International Interprotect geschützt werden.
- Wer den Rumpf durch Spachteln glätten will, sollte dies nach der ersten Primerschicht tun, da zu diesem Zeitpunkt die Unebenheiten besser zu erkennen sind. Nach dem Spachteln folgen mindestens drei weitere Schichten Primer, danach der Antifoulinganstrich.
- Feine Plankennähte sollten niemals mit einem Zwei-Komponenten-Spachtel geschlossen werden, da dieser zu wenig elastisch ist, um die Bewegungen des Holzes (z. B. beim Auftrocknen) aufzunehmen (*vgl. Kap. 2.2, Außenhautbeplankung, S.36 ff*).
- Hier sollte ein weicher Lackspachtel verwendet werden, der zwar langsam trocknet, aber nie ganz hart wird. Alternativ kann Leinölkitt verwendet werden, dieser hat jedoch den Nachteil, dass er im Laufe der Zeit verspröden und herausfallen kann.

Konservierung der Bilge

Grundsätzlich gilt: Ohne Belüftung der Bilge ist jede Konservierung sinnlos!

In einem dauerhaft nassen oder auch feuchten Klima kann auch die beste Konservierung einen Pilzbefall mit Fäulnisbildung nicht verhindern. Oftmals lässt sich der Zustand eines Holzbootes beim Herausnehmen der Bodenbretter bereits mit der Nase erahnen.

Bei den traditionell geplankten klassischen Yachten, deren Holzrümpfe im Bilgebereich stets einen Feuchtigkeitsgehalt von über 15 % haben, wäre es nicht sinnvoll, das Holz geschlossenporig zu lackieren. Hier werden vorzugsweise Öle wie Benaröl, IMP, Owatrol (Achtung, Dämpfe!) eingesetzt. Diese sogenannten »Ventilationsöle« sind durchlässig für Feuchtigkeit und lassen den Rumpf »atmen«. Besonders zu empfehlen ist der Einsatz von Tonkinois Huiles Bio Impression, das besonders tief in die Poren eindringt und ausgezeichnete Konservierungseigenschaften besitzt. Rohes Holz in der Bilge kann ebenfalls mit Boracol behandelt werden, um Pilzentwicklung vorzubeugen.

Lange Zeit galt Leinöl als das Konservierungsmittel schlechthin. Falsch angewendet hat es jedoch eine gegenteilige Wirkung! Aufgrund der langen Trocknungszeit besteht hier eine erhöhte Gefahr von Schimmel- bzw. Pilzbefall. Statt Leinöl sollte daher am besten Leinölfirnis verwendet werden. Leinölfirnis dringt weniger tief in die Holzporen ein, benötigt aber eine wesentlich geringere Trocknungszeit und bildet einen schützenden Film auf der Oberfläche.

Ein ebenfalls leinölhaltiges Produkt ist die »gute alte« Bleimennige, die jedoch für den Endverbraucher wegen gesundheitsgefährdender Wirkungen vom Markt genommen wurde. Bleimennige wurde jahrzehntelang zur Konservierung von Holz und Stahl sowohl im Yachtbau als auch in der Berufsschifffahrt eingesetzt. Ein modernes Ersatzprodukt ist Kunstharzbleimennige, das ebenfalls Bleianteile besitzt.

Formverleimte Rümpfe können mit modernen Zwei-Komponenten-Lacken (z. B. International Interprotect) auch im Bilgebereich lackiert werden.

Über die Jahre ausgehärtete Beschichtung mit Leinöl

Konservierung der Bilge mit Kunstharzbleimennige

3.2.3 YACHTLACKIERUNGEN

»Brightwork« nennen Segler im englischsprachigen Raum die Lackoberflächen einer Yacht und unterstreichen damit den ästhetischen Aspekt der Lackierungen.

Die Klarlacke und Öle sollen daher die natürliche Struktur und Farbe des Holzes besonders unterstreichen und glanzvoll (»bright«) hervorheben. Die Lackierungen tragen jedoch nicht nur zu einem schönen Erscheinungsbild, zum »great classic look«, bei, sondern

Naturlackierung

Auswahl von Holzölen

erfüllen ebenfalls eine praktische Funktion: Die Klarlacke (bzw. Öle) im Überwasserbereich für Rumpf, Leibhölzer an Deck, Aufbauten, Luken, Masten und Spieren dienen vorrangig dazu, die Hölzer vor Versprödung, Verfärbung und Öffnung von Leimnähten zu schützen. Eine farbige Hochglanzlackierung des Freibords soll der Yacht eine persönliche Note geben und das Holz vor dem Austrocknen sowie vor Wasseraufnahme schützen.

Die äußeren Bedingungen für die Beschichtungs- bzw. Lackierarbeiten im Frühjahr gestalten sich für die meisten Eigner klassischer Yachten nicht einfach, sei es in einer kalten, feuchten, staubigen Halle oder unter dem selbstgebauten »Greenhouse«.

Im Folgenden soll der Versuch unternommen werden, einen Überblick über die Eigenschaften sowie den Anwendungsbereich und die Verarbeitung verschiedener Produkte zur Beschichtung im Überwasserbereich zu gewinnen – wobei hier aufgrund der schier kaum zu überblickenden Flut an auf dem Markt erhältlichen Produkten nur eine Auswahl vorgestellt werden kann.

So lassen sich für den Überwasserbereich* zunächst drei Systeme von Beschichtungen unterscheiden:

- Öle
- Ein-Komponenten-Lacke
- Zwei-Komponenten-Lacke

Wir unterscheiden die Produkte in der Reihenfolge ihrer Endhärte, also vom Holzöl bis zum Zwei-Komponenten-Lack.

Öle

Öle weisen von vornherein nicht den tiefen Glanz auf, wie er durch Lacke erzielt werden kann. Da sie weicher sind, ist einerseits der Abrieb größer und die Oberflächen werden schneller matt, andererseits kommt es zu weniger Rissbildungen und Abplatzungen.

Holzöle

Holzöle haben den Vorteil, dass sie tief in das Holz eindringen und elastischer sind als die wesentlich härteren Lacke. Die Gefahr des Reißens und Abblätterns wird hierdurch verringert.

* Für den Unterwasserbereich vgl. *Kap. 3.2.2, Konservierung im Unterwasserbereich, S. 122 ff*

Wichtig: Beim Einsatz von Holzölen muss mit längeren Trocknungszeiten gerechnet werden.

Lacköle

Eine Mischform aus Öl und Lack bieten Lacköle wie Höveling Lacköl (Alkydharzöl) oder Le Tonkinois (Leinöl und Chinaholzöl).

Ein-Komponenten-Lacke

Ein-Komponenten-Lacke lassen sich noch bei Temperaturen um den Gefrierpunkt mit dem Pinsel verarbeiten, es müssen dann jedoch wesentlich längere Aushärtungszeiten für die Zwischenschliffe einkalkuliert werden.

Der Verlauf kann bei niedrigen Temperaturen durch einem Schuss Owatrol-Öl (bis zu 5 % des Volumens) oder eine zum Farbsystem passende Verdünnung begünstigt werden.

Die Durabilität bezüglich des Glanzes und der Bildung von Craquelé – Rissbildung in der Lackoberfläche – bleibt deutlich hinter den Zwei-Komponenten-Lacken zurück. Aufgrund ihrer Elastizität sind Ein-Komponenten-Lacke jedoch besser für stark arbeitende Vollholzverbindungen geeignet.

Öllacke

Der Ein-Komponenten-Lack Schooner von International hat ebenfalls Ölanteile (Tung-Öl).

Alkydharzlacke (Kunstharzlacke)

Produkte, die landläufig als »Bootslack« bezeichnet werden, basieren meist auf Alkydharz (Kunstharz). Die bekanntesten sind:

Epifanes:	Bootslack, Mono-Urethan, Hartholzlacköl, Woodfinish Matte
International:	Toplac, Super Gloss HS

Geöltes Nadelholz

Mit Benaröl beschichteter Mast

Ein-Komponenten-Lack (*International:* Schooner)

Zwei-Komponenten-Lack (*Epifanes*)

Vorbereitung zur Lackierung

Hempel:	Duragloss
Wilckens:	Yacht Klarlack
Sikkens:	Cetol HLS extra

Klarlackierungen im Außenbereich müssen jährlich erneuert werden, um den von der Sonne abgebauten UV-Filter des Lackes wiederherzustellen und Rissbildungen in der Lackoberfläche zu vermeiden.

Polyurethanlacke

Polyurethanlacke (PU-Lacke) sind noch härter und widerstandsfähiger als alkydharzbasierte Lacke. Die Trocknungszeiten sind kürzer, Zwischenschliffe können früher durchgeführt werden. Der PU-Lack zieht schneller an, was sich nachteilig auf den Verlauf auswirken kann. Unter Umständen können Pinselstriche sichtbar bleiben. Die im Zusammenhang mit der Sonneneinstrahlung bereits erwähnte Kraquelierung (Craquelé) kann auch hier auftreten. Ein-Komponenten-Polyurethanlacke sind verhältnismäßig selten; ein Beispiel ist *Wohlert* PUR-Bootslack glänzend. Der Ein-Komponenten-Lack *Epifanes* Seidenglanz klar basiert auf einer Mischung aus Alkydharz und Polyurethan.

Zwei-Komponenten-Lacke

Zwei-Komponenten-Lacke sind resistenter gegen Witterungsbedingungen, sind abriebfester und halten länger ihren Glanz als Ein-Komponenten-Lacke. Die Zwei-Komponenten-Lacke sind die härtesten und widerstandsfähigsten, jedoch auch die am wenigsten elastischen Lacke. Es sollte gut überlegt werden, wo sie eingesetzt werden sollen, da die Möglichkeit des Reißens bei stark arbeitenden Holzteilen, wie etwa Rahmenverbindungen an Aufbauten oder älteren verleimten Verbindungen, sehr groß ist.

Für die Verarbeitung dieser Lacke ist eine Temperatur von mindestens 10 °C erforderlich. Durch die chemische Reaktion wird der Aushärtungsprozess beschleunigt und es lassen sich zügig die erforderlichen Schichtstärken aufbauen.

Einige Beispiele:

Epifanes:	PP, Poly-Urethan
Alexseal	
Awlgrip	
International:	Perfection Plus, Perfection Pro

Vorbereitung und Verarbeitung

Abkleben von Wasserpass, Aufbauten usw.

Vorteilhaft zum Abkleben ist ein dünnes, elastisches, gut zu entfernendes und zugleich gut anhaftendes Klebeband. Hier ist das Produkt Slim besonders zu empfehlen. Es ist in mehreren Breiten erhältlich.

Das Abkleben als Vorbereitung zum Lackieren ist in der Regel weitaus zeitintensiver als das Lackieren selbst. Hier kann nicht genug Sorgfalt aufgewendet werden.

Sollen mehrere Schichten aufgetragen werden, sollte das Klebeband nach Möglichkeit zwischen den Arbeitsgängen entfernt und erneuert werden, um eine zu starke Kantenbildung zu vermeiden.

Eine zu hohe Schichtdicke auf dem Klebeband kann insbesondere bei den stark aushärtenden und wenig elastischen Zwei-Komponenten-Lacken dazu führen, dass sich das Klebeband nach dem letzten Lackiergang nur schwer in einem Stück und ohne Ausrisse aus der Lackfläche entfernen lässt.

Nach dem Lackieren ist also darauf zu achten, dass das Klebeband nicht zu lange auf den Flächen verbleibt.

Erneuerung und Neuaufbau der Lackierung von farbigen Bootsrümpfen

Zur (zustandsabhängigen) turnusmäßigen Erneuerung der Lackierung der Außenhaut ist zunächst das Farbsystem zu prüfen. Welches Produkt wurde zuletzt verwendet? Handelt es sich um einen Ein- oder Zwei-Komponenten-Lack?

Weiß lackierte Außenhaut

Hochglanzlackierte schwarze Außenhaut

Erneuerungsbedürftige Außenhautlackierung

Informationen zur Zusammensetzung und Kompatibilität einzelner Produkte lassen sich den jeweiligen Produktdatenblättern entnehmen.

Als Grundregel gilt: Keinen Zwei-Komponenten-Lack auf Ein-Komponenten-Lack auftragen! Umgekehrt ist es möglich, einen Ein-Komponenten-Lack auf einer Oberfläche aus Zwei-Komponenten-Lack zu verarbeiten. Die Erneuerung der Lackierung kann genutzt werden, um die Außenhaut auf Beschädigungen und Rissbildungen hin zu untersuchen. Weist die Beschichtung zu starke Alterserscheinungen in Form von Beschädigungen, Rissen oder Ablösungen auf, so wird ein kompletter Neuaufbau der Beschichtung nach vorherigem Abziehen der alten Beschichtung notwendig (*vgl. Kap. 3.2.1, Abziehen und Schleifen, S. 119 ff*).

Die Wahl des Farbsystems für einen solchen Neuaufbau der Beschichtung der Außenhaut ist abhängig von den Umgebungsbedingungen sowie von der Beschaffenheit der zu lackierenden Fläche (s. o., Beschreibung der Eigenschaften der Lacke und Öle). Hat man sich für ein Farbsystem zum Neuaufbau entschieden, ob Ein- oder Zwei-Komponenten, sollte man unbedingt von der Grundierung bis zur Endlackierung bei diesem System bleiben. Dies gilt auch für Verdünnungen!

Um das Holz vor Aufnahme von Feuchtigkeit zu schützen und einen Haftgrund zu schaffen, sollten vor dem Lackieren je nach Saugfähigkeit des Holzes mindestens drei Schichten Grundierung des entsprechenden Farbsystems aufgetragen werden.

Zur Vermeidung von »Schaumstoffkrümeln« in der Oberfläche und zur Herstellung eines guten Ergebnisses ist insbesondere bei stark lösungsmittelhaltigen Produkten wie Zwei-Komponenten-Lacken eine qualitativ hochwertige und feinporige Schaumstoffrolle aus dem Fachhandel zu empfehlen.

Bei größeren Flächen empfehlen sich breite Rollen aus Schaumstoff (z. B. Redtree, West System), um zügiger arbeiten zu können und weniger Absätze zu schaffen. Für ein bestmögliches Lackergebnis sind die »fusselfreien« und lösungsmittelbeständigen Lackwalzen Admiral Nordlack besonders zu empfehlen, die in verschiedenen Größen erhältlich sind.

Gespachtelt wird am besten nach der ersten Grundierung, da die Unebenheiten zu diesem Zeitpunkt besser erkennbar sind als auf dem rohen Holz. Außerdem bietet die Grundierung einen Haftgrund für den Spachtel.

Hält man die angegebenen Überstreichintervalle zwischen den Grundierungen ein, ist kein Zwischenschliff erforderlich.

Nach dem Aushärten der Grundierung muss ein feiner Zwischenschliff erfolgen, der mit einer Maschine (ca. 150er-Körnung) ausgeführt werden kann. Die erste Lackschicht kann nun aufgebracht werden.

Es sind mindestens drei Lackiergänge – jeweils mit Zwischenschliffen – erforderlich. Der Lack kann mit einer Schaumstoffrolle aufgetragen und mit einem (Schaumstoff-)Pinsel glattgezogen werden.

Der Verlauf der Lackoberfläche hängt in erster Linie vom Produkt selbst und von den Verarbeitungstemperaturen ab.

Zwei-Komponenten-Lacke können entsprechend der Herstellerangaben verdünnt werden und sollten wie bereits erwähnt nicht unter einer Umgebungstemperatur von 10 °C verarbeitet werden.

Erneuerung und Neuaufbau von Naturlackierungen

Auch im Falle der Erneuerung einer Naturlackierung ist das Farbsystem zu prüfen und einzuhalten.

Lackierungen im Außenbereich mit Ein-Komponenten-Lacken müssen jährlich erneuert werden, um den im Lack enthaltenen UV-Schutz wiederherzustellen.

Ist der Lack jedoch bereits stellenweise bis auf das rohe Holz abgelöst, wie es meist an Kanten und Rundungen zuerst der Fall ist, oder sind sichtbare Unterwanderungen von Feuchtigkeit vorhanden, so sollte der Lack in diesem Bereich bis auf das Holz abgeschliffen werden. Die Schichtdicke sollte dann punktuell mit ca. fünf bis acht Schichten Lack wieder aufgebaut und an die umgebenden Flächen angepasst

Naturlackierungen

Durch UV-Strahlung zerstörte Lackierung

Anschleifen des Schandecks mit einem »Rutscher« (Schwingschleifer)

Nicht mehr zu rettende Außenhautlackierung

Geschliffene und für die Endlackierung vorbereitete Außenhaut

werden. Es ist zweckmäßig, mit diesen Stellen zu beginnen, d. h. »vorzulegen«, bevor die übrigen Flächen geschliffen werden, da sie nachher nur noch schwer auszumachen sind.

Ist eine Naturlackierung insgesamt schadhaft, unansehnlich oder überdauert und soll ein Neuaufbau erfolgen, sind die betroffenen Flächen anders als bei der jährlichen Erneuerung von Naturlackierungen zunächst vollständig bis auf das rohe Holz abzuziehen (*vgl. Kap. 3.2.1, Abziehen und Schleifen, S. 119 ff*).

Soll ein Rumpf vor der ersten Lackierung gebeizt werden, empfiehlt es sich, die Holzoberfläche zuvor mit einem nassen Schwamm zu befeuchten (*vgl. Kap. 3.2.4, Beizen und Tönen hölzerner Oberflächen, S. 133 f.*) und die sich aufstellenden Härchen (aufgequollene feine Holzfasern) zu verschleifen, um eine gleichmäßige Oberfläche zum Lackieren zu erzielen. Die ersten (nach den Vorgaben des jeweiligen Lackherstellers verdünnten!) drei Lackschichten können ohne Zwischenschliff innerhalb der vom Hersteller angegebenen Überstreichintervalle aufgetragen werden. Anschließend sollten Zwischenschliffe mit 240er-Papier, am besten per Hand, um nicht zu viel Schichtdicke abzutragen, vorgenommen werden.

Eine Lackierung mit einem Ein-Komponenten-Lack sollte mindestens acht bis zehn Schichten umfassen. Bei einer Lackierung mit einem Zwei-Komponenten-Lack genügen sechs bis acht Schichten. Bei den Zwischenschliffen ist darauf zu achten, dass besonders an den Rundungen nicht zu hart geschliffen wird, um nicht versehentlich die Schichtdicke wieder abzutragen. Hier empfiehlt es sich, statt Sandpapier ein Schleifvlies zu verwenden.

Vor der Endlackierung einer Außenhaut sollte ein 320er-Maschinenschliff erfolgen. Die größte Herausforderung vor einer gelungenen Endlackierung ist die vollständige Entstaubung.

Die Flächen sollten mit einem guten Staubsauger mit Bürste abgesaugt und mit einem sauberen Lappen mit z. B. Waschbenzin oder Soft Surface Cleaner abgewischt werden. Anschließend wird die Fläche mit einem Staubbindetuch (Honigtuch) bearbeitet. Auch die

Umgebung des Schiffes sollte möglichst sauber sein, Zugluft ist unbedingt zu vermeiden, an Sturmtagen oder bei Nebel sollte nicht lackiert werden.

Trotz Befolgung all dieser Regeln ist auch der professionelle Yachtlackierer oftmals am Verzweifeln, weil sich auf den lackierten Flächen, im Besonderen auf den liegenden, immer wieder Staubpartikel ablagern. Zur Beruhigung sei hier gesagt, dass kleinere Staubpartikel nicht mehr auffallen, sobald das Schiff schwimmt.

Letzte Säuberung der Oberfläche vor dem Lackieren mittels Staubbindetuch

Lackierungen im Innenraum

Die Wahl des Lackes für den Innenraum beeinflusst das Klima im Schiffinneren.

Bewährt für die Lackierung in Innenräumen haben sich *Epifanes* Woodfinish Matte, Eiglans und Satin finish sowie *International* Gold Spar, die einen guten Verlauf haben und wenig ausdünsten.

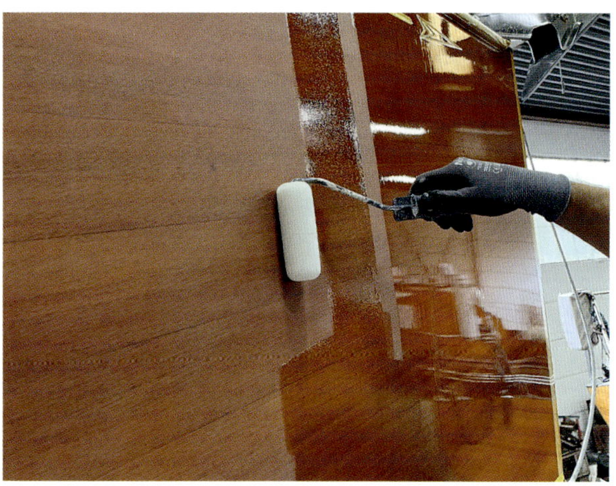

Erster Auftrag mit der Rolle, um eine gleichmäßige Schichtdicke ohne »Deiche« (Überlappungen) zu erzeugen

Erfolgsgarantie

Worauf zu achten ist!

- Sorgfältig abkleben! Vorbereitung ist alles!
- Hochwertiges Klebeband verwenden: verwindungsfest, gut anhaftend und rückstandsfrei zu entfernen
- Luft möglichst staubfrei halten
- Luftfeuchtigkeit über 80 % vermeiden
- Auf Temperatur der Luft und des zu lackierenden Materials achten
- Verarbeitungsempfehlungen des Lackherstellers sorgfältig studieren
- Lack aus dem Vorjahr filtern, um Verunreinigungen zu vermeiden
- Aus dem gleichen Grund immer aus einem separaten Gefäß streichen – nicht aus der Dose.

Anschließendes »Verschlichten« mit dem Pinsel (Treiber) für ein gleichmäßiges »Ausspannen« des Lackes, d. h. eine glatte Oberfläche

- Den Pinsel nicht am Rand abstreifen
- Die besten Ergebnisse werden mit hochwertigen Pinseln und Farbrollen erzielt
- Neue Pinsel über Schleifpapier ziehen, um lose Haare zu entfernen
- Die Fläche unmittelbar vor dem Lackieren mit dem Staubsauger absaugen und mit Staubbindetüchern abwischen
- Vor dem Lackieren möglichst eine Probe auf einer kleinen Fläche mit dem gleichen Untergrund und unter den gleichen Verarbeitungsbedingungen machen, um den Verlauf und die Trocknung des Lackes zu prüfen
- Pinsel für die Weiterarbeit mit Ein-Komponenten-Lacken am Folgetag in Terpentinersatz hängend aufbewahren. Vor längeren Pausen mit Pinselreiniger auswaschen, bis der Lack komplett entfernt ist, dann mit Seifenwasser. Hängend trocknen
- Zwischenschliffe beseitigen lästige Staubeinschlüsse
- Zur Lackierung schwer zugänglicher Ecken und Winkel (z. B. unter den Handläufen); gegebenenfalls ein in Lack getränktes Tuch verwenden
- Vor dem Beizen die Holzfläche mit einem feuchten Schwamm befeuchten und anschließend die sich aufstellenden Härchen (aufgequollene feine Holzfasern) verschleifen, um eine gleichmäßige Oberfläche zum Lackieren zu erzielen

3.2.4 BEIZEN UND TÖNEN HÖLZERNER OBERFLÄCHEN

Soll ein Freibord oder ein Kajütaufbau mit Leibhölzern und einem Fisch aus Mahagoni länger vor dem Ausbleichen durch UV-Einstrahlung geschützt werden, so kann dies durch Beizen oder Eintönen der Oberflächen geschehen.

Beim Beizen und Tönen handelt es sich um zwei Systeme, die sich durch die Zusammensetzung der Produkte und die Reihenfolge ihrer Anwendung unterscheiden.

Beizen

Bei diesem System wird die Holzbeize direkt auf das rohe Holz aufgetragen. Es empfiehlt sich, die Holzoberfläche vor dem Beizvorgang mit einem Schwamm zu befeuchten. Die feinen Holzfasern quellen hierdurch auf und stellen sich beim Auftrocknen auf, die Oberfläche ist jetzt wieder rau. Dieser Effekt hätte sich auch nach Auftragen der Beize eingestellt. Die erste Lackierung wäre nun auf eine raue Oberfläche aufgetragen und möglicherweise wäre beim anschließenden Schleifen eine »scheckige« Oberfläche erzeugt worden. Wird vorher gewässert, kann die Oberfläche vor dem Beizen noch einmal sehr fein (240er-Körnung) geschliffen werden, sodass nach dem Beizen auf einer gleichmäßigen Oberfläche lackiert werden kann.

Im Handel sind mehrere Produkte von Beizen unterschiedlicher Braun- und Rottöne erhältlich:
International: Båt Bet
Epifanes: Mahagonibeize
Wohlert: Holzbeize
Votteler: Holzbeize für den Außenbereich

Die oben genannten Holzbeizen sind sowohl mit Ein-Komponenten- als auch Zwei-Komponenten-Lacken kompatibel.

Tönungen

Bei diesem Verfahren sind bereits zwei oder drei Lackiergänge mit verdünntem Lack erfolgt, erst dann wird eine Lasur des gewünschten Farbtones ein- oder zweimal aufgetragen. Es folgt die weitere Beschichtung mit der erforderlichen Anzahl von Lackaufträgen.

Die Lasuren sind ausschließlich für den Ein-Komponenten-Bereich einsetzbar. Ein häufig verwendetes und bewährtes Produkt ist *Sikkens* Cetol HLS, das in unterschiedlichen Farbtönen erhältlich ist.

3.2.5 VERGOLDUNG

Besonders edel kann eine klassische Yacht durch die Vergoldung der Ziergöhl, der Ornamente oder des Namenszuges wirken.

Während in der traditionellen Technik des Vergoldens Anlegeöl als Haftgrund (»Primer«) für das Blattgold diente, werden heute oftmals acrylhaltige Produkte eingesetzt. Für eine Vergoldung mit echtem Blattgold seien hier die *Kölner* Vergoldeprodukte ausdrücklich empfohlen.

- Nach dem Auftragen der Grundierung (*Kölner* Instacoll System Base) kann innerhalb des Zeitraumes von einer Stunde das Blattgold angelegt werden. Ein Zeitfenster für die Verarbeitung kann beliebig oft durch eine Re-Aktivierung der Grundierung (*Kölner* Instacoll System Activator) neu geschaffen werden.

Gebeizte Mahagoni-Oberflächen

Von außen getöntes und innen ausgeblichenes Cockpitsüll

Kölner Vergoldeprodukte

Anlegen des Blattgoldes

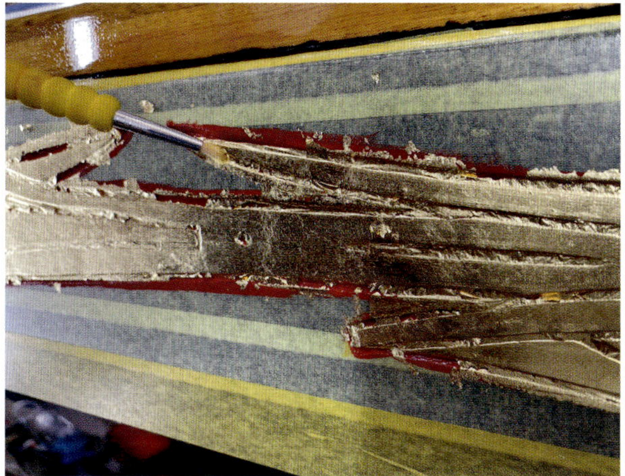
Nachbearbeitung des Blattgoldes mit einem Pinsel

Mit *Epifanes* Gold/Special gold versehene Ziergöhl

- Nach zehn Minuten ist die Grundierung abermals für eine Stunde »aktiv«.
- Das Blattgold aus einem Heft aus dünnem Seidenpapier wird angedrückt und kann anschließend mit einem Pinsel bzw. Achat-Polierstein nachbearbeitet werden.

Im Handel sind Gold-Ersatzprodukte erhältlich (*Epifanes* Gold/Special gold). Das Erscheinungsbild einer »echten« Vergoldung bleibt jedoch unübertroffen.

3.3 EPOXIDHARZE AUF KLASSISCHEN YACHTEN

Wenn Henry Rasmussen Epoxidharz zur Verfügung gehabt hätte, hätte er es sicherlich verwendet!

Der Einsatz von Epoxidharzen ist nicht nur im modernen Yachtbau, sondern auch bei der Restaurierung und Reparatur klassischer Yachten nicht mehr wegzudenken. Die ursprünglichen Vorbehalte der Puristen, die Epoxidharz mit »Leichenhemden« in Verbindung bringen, sind ausgeräumt. Die vielseitigen Einsatzmöglichkeiten sowie die einfache Verarbeitung, die es auch dem Laien ermöglicht, dauerhafte Reparaturen und Instandsetzungsarbeiten an klassischen Yachten durchzuführen, sprechen für sich.

In dem Handbuch *Holzboote – Reparieren und Restaurieren* der Gougeon Brothers sind umfassende Anleitungen für die Instandsetzung von Holzbooten unter Einsatz von Epoxidharz zu finden.

Neben einer Vielzahl von Herstellern haben sich M. u. H. von der Linden GmbH sowie CTM GmbH Faserverbundwerkstoffe als

Lieferanten von Epoxidharz(EP)-Harzen bei den Eignern klassischer Yachten einen Namen gemacht, zumal diese auch zu umfassender und kompetenter Beratung bei Verarbeitungsfragen bereit sind.

Auf klassischen Yachten werden EP-Harze hauptsächlich eingesetzt für...

- Verklebungen hölzerner Bauteile
- Versiegeln von Rümpfen
- Beschichten von Bauteilen und Rümpfen

Es gibt verschiedene Füllstoffe für unterschiedliche Reparatur- oder Restaurierungsanforderungen, die mit dem Grundmaterial Epoxidharz *West* System105 bzw. *Gurit* AmproTM hochfeste und feuchtebeständige Klebesysteme liefern.

Eine umfassende Übersicht über die Verwendung von Füllstoffen ist auf der Seite de.wessexresins.co.uk/west-system zu finden.

Der Vorteil bei der Verwendung von EP-Harzen gegenüber herkömmlichen Leimen liegt bei dem nicht zwingend erforderlichen Anpressdruck sowie den fugenfüllenden Eigenschaften. Komplizierte Anpassungen wie etwa bei Spantreparaturen in schwer zugänglichen Bereichen werden dadurch erheblich erleichtert. Bei allen Reparaturmaßnahmen oder Beschichtungen ist, wie bereits erwähnt, darauf zu achten, dass der Holzfeuchtegehalt 15 % nicht überschreitet und die Verarbeitungstemperatur für die Dauer der Aushärtung nicht unter 10 °C sinkt. Eine Ausnahme stellt *Gurit* AmproTM dar, das bereits ab 5 °C verarbeitet werden kann.

Vorbereitung zur Verarbeitung von Epoxidharz

Mit Epoxidharz aufgefüllter Zwischenraum zwischen Mast und Mastbeschlag

Es gibt Sonderformen der Produkte für spezielle Anwendungen:

- *West* SystemG-Flex als besonders elastisches EP-Harz, das auch auf feuchtem Untergrund halten soll. Diese Maßnahme sollte jedoch ausschließlich im Notfall Anwendung finden. Das Harz härtet wasserklar aus und eignet sich auch für das Auffüllen von Druckstellen auf naturlackierten Hölzern mit anschließender Nachlackierung.
- *West* SystemSIX TEN als fertig angedicktes Klebeharz in einer Doppelkartusche für das präzise Mischungsverhältnis zur Verklebung von Bauteilen
- *Gurit* Spabond 340 LV ist ein Hochleistungs-Klebesystem mit pastöser Konsistenz
- *Gurit* Spabond 570 zur Verklebung von Teakdecks sowie schwer zu verklebenden Hölzern wie z. B. Eiche, Teak
- *Gurit* Spabond 720 ist das sogenannte »5-Minuten-Epoxidharz« für schnelle Verklebungen
- *Gurit* Eposeal besitzt aufgrund hoher Lösungsmittelanteile eine extrem niedrige Viskosität. Es eignet sich sehr gut zum Grundieren hölzerner Bauteile, dringt sehr tief in die Holzporen ein und gewährleistet somit eine ausgesprochen gute Konservierung hölzerner Bauteile. Es ist bedingt geeignet, von Trockenfäule befallene Bauteile zu durchtränken und zu stabilisieren.

Derartige Reparaturversuche sollten gut überlegt sein, um Sicherheitsrisiken zu vermeiden. Der Austausch schadhafter Bauteile ist effektiver, aber auch aufwändiger. Durch den hohen Anteil an Lösungsmitteln ist die Festigkeit dieses Harzes herabgesetzt.

Sinnvolle Einsatzmöglichkeiten von EP-Harzen bei der Reparatur oder Restaurierung klassischer Yachten:

- Reparatur gebrochener Spanten durch Einschäften und Verkleben von Teilstücken
- Herstellung lamellierter Spanten:
  Durch die Verklebung der Lamellen mit EP-Harz werden hochfeste, feuchtigkeitsbeständige und besonders formtreue Bauteile erzielt
- Verklebung erneuerter Planken
- Ausleisten von Plankennähten und Rissen
- Mastenbau
- Anpassen von Mastbeschlägen aus Edelstahl/Bronze an das hölzerne Mastprofil zur Vermeidung von Hohlstellen
- Verklebung von Teakdecks
- Durch den Zusatz von Füllstoffen und Graphitpulver lassen sich dauerhafte, witterungsbeständige Verfugungen auf Teakdecks erzielen
- Beschichtungen ganzer Rümpfe mit Glasseidengewebe
- Naturholzrümpfe lassen sich unsichtbar mit Glasseidengewebe und EP-Harz beschichten
- Wiederherstellung fester Verschraubungen von Beschlägen an und unter Deck

EP-Harze sind nur bedingt UV-beständig und müssen durch Klarlack- oder Farbbeschichtungen geschützt werden. Sie bieten einen guten Untergrund für nahezu jede nachfolgende Beschichtung.

4. KLEINERE REPARATUREN – PRAXISANLEITUNG

Der Einsatz von Epoxidharz hat sich auch bei zahlreichen kleineren Reparaturen als äußerst hilfreich erwiesen.

Im Folgenden soll eine Praxisanleitung für einfache, im Winter regelmäßig anfallende Reparaturen geliefert werden, an die sich auch ein Nicht-Bootsbauer heranzuwagen vermag:

- Herauslösen und Setzen von Holzpfropfen
- Anfertigen und Einpassen von Spunden
- Herauslösen und Ersetzen von korrodierten Schrauben

Herstellung von Holzpfropfen mittels Zapfenschneider

4.1 HERAUSLÖSEN UND SETZEN VON HOLZPFROPFEN

Treten Pfropfen, z. B. bei Kajütaufbauten, Schandeckverschraubungen oder Außenhautplanken, sichtbar hervor, sollten diese nicht etwa gewaltsam wieder hineingetrieben, sondern ersetzt werden. Sind die Pfropfen nicht in das umgebende Holz eingeleimt, lassen sie sich mit verhältnismäßig wenig Aufwand mithilfe eines Spitzbohrers, eines schlanken Stecheisens oder gar eines kleinen Schraubendrehers herauslösen.

- Dabei wird das Werkzeug in der Mitte des Pfropfens in Faserrichtung angesetzt und der Pfropfen in zwei Hälften seitlich zur Faser herausgehebelt.
- Nach Überprüfung und gegebenenfalls Nachziehen der darunter liegenden Verschraubung kann ein neuer Holzpfropfen – möglichst gleicher Holzsorte – eingesetzt werden.
- Der neue Pfropfen wird entweder, falls vorhanden, mit einem Zapfenschneider in einer Standbohrmaschine in der passenden Größe angefertigt oder fertig gekauft. Insbesondere bei Naturlackierungen ist auf eine genaue Passung des Pfropfens zu achten!

Nachsetzen von Pfropfenbohrungen mit einer Schablone, durch die der Forstnerbohrer zentriert wird

Einschlagen der Pfropfen mit dem Hammer

Die Pfropfen können mit Leim oder Epoxidharz eingeklebt werden

Eingeklebte Pfropfen

Abstechen eines Pfropfens mit dem Stecheisen

- Um eine bestmögliche Dichtigkeit zu gewährleisten, sollte der neue Pfropfen eingeleimt werden. Die Bohrung kann mit Weißleim (Bindan-CIN D3), am besten mit einem Holzpin, ausgefüllt und anschließend der Pfropfen mit einem Hammer eingeschlagen werden.
- Das herausstehende Stück des Pfropfens wird zunächst mit einer Japansäge entfernt oder mit einem scharfen Stecheisen in Faserrichtung abgestochen.
- Anschließend wird die Oberfläche, am besten per Hand, mit 180er-Papier bündig geschliffen. Besonders eignet sich hierfür ein Schleifschwamm, z. B. Abranet.

4.2 ANFERTIGEN UND EINPASSEN VON SPUNDEN

Durch Feuchtigkeitseinwirkung kann es in Hirnholzbereichen wie etwa Plankenstößen oder Bohrungen im Holz an metallischen Verbindungen wie Relingsfüßen auf dem Schandeck zu schwarzen Verfärbungen in Faserrichtung kommen. Um die entsprechenden Bereiche sowohl optisch als auch in Bezug auf ihre Festigkeit wieder herzustellen, besteht hier die Möglichkeit, Spunde zu setzen.

- Vor dem Setzen eines Spundes ist zunächst die Größe des auszubessernden Ausschnittes in Länge, Breite und Tiefe festzulegen. Ein Spund sollte nach Möglichkeit von gleicher Holzart sein und sich – bei Klarlackierungen – bezüglich der Maserung gut in seine Umgebung einfügen.
- Der Spund wird nun aus einem Holz entsprechender Dicke z. B. mit einer Bandsäge ausgeschnitten. Die Kanten werden fein und gerade gehobelt.
- Die klassische Form eines Spundes ist die »Salino-Form«, da hier wie bei einer Schäftung durch die schrägen Anschnitte die Klebefläche

vergrößert wird. Rechteckige, »stumpfe« Spunde mit 90°-Winkeln sind deshalb ungeeignet, weil hier nicht-verleimbare Hirnholzenden direkt aufeinanderstoßen würden.

- Der fertige Spund wird auf die auszuspundende Stelle gelegt und mit einer Reißnadel (Spitzbohrer) umrissen.
- Mit einem flachen Stahllineal und einem Cuttermesser wird der Riss nachgezogen, bevor mit dem Stecheisen vertikal heruntergestochen werden kann. Die mittleren Bereiche können mit einem in der Tiefe begrenzten Forstnerbohrer ausgebohrt werden. Der Grund der auszuspundenden Fläche wird mit dem Stecheisen begradigt.
- Nun kann der Spund eingepasst und mit einem kleinen Handhobel (z. B. *Stanley* 9 ½) gegebenenfalls nachgeputzt werden.
- Ein Trick beim Einpassen: eine geringfügige Fase an die Unterkante des Spundes hobeln, damit sich der Spund leichter einfügt!
- Zum Einkleben des Spundes werden sowohl Kanten und Unterseite des Spundes als auch die auszuspundende Fläche mit nicht angedicktem Epoxidharz, das in die Holzporen einzieht, grundiert und anschließend mit angedicktem Epoxidharz bestrichen.
- Nun kann der Spund eingesetzt werden. Bei guter Passung klemmt der Spund von allein, auf waagerechten Flächen kann er beschwert werden.
- Zum Abputzen des Spundes nach dem Aushärten des Harzes eignet sich auf Naturholzflächen abermals der oben genannte Handhobel. Die letzte Feinarbeit vor dem finalen Schleifen sollte mit einem Dreikantschaber erfolgen.

Auszuspundende Faulstelle im Schandeck

Eingeklebter Spund

Bündig gearbeiteter Spund

Korrodierte Schrauben in allen Stadien der Auflösung

Abgebrochene (»kopflose«) Eisenschrauben

Linksdrehender Stirnfräser, gebaut aus einer Spannhülse

4.3 HERAUSLÖSEN UND ERSETZEN KORRODIERTER SCHRAUBEN

Sind Neuverschraubungen am Rumpf erforderlich, stellen vor allem korrodierte Messing- oder Eisenschrauben eine besondere Herausforderung dar. Bronzeschrauben dagegen lassen sich in der Regel problemlos herausdrehen. Das Material der Messingschrauben ist in Folge von »Entzinkung« oftmals stark angegriffen und hat seine Festigkeit verloren, sodass beim Ansetzen des Schraubendrehers eine Hälfte des Schraubenkopfes abbricht (*vgl. Kap. 1.3, Korrosion an hölzernen Yachten, S. 14 ff*).

Doch wie lassen sich abgebrochene Messingschrauben entfernen, ohne die Umgebung allzu sehr in Mitleidenschaft zu ziehen? Hierfür eignet sich ein Werkzeug, das aus einer mit einer geringfügig geschränkten Kronenzahnung ausgestatteten Spannhülse (Stirnfräser) hergestellt wurde. Die Zahnung ist auf Linksdrehung ausgerichtet.

- Eingespannt in einen Akkuschrauber oder eine Bohrmaschine wird die gezahnte Spannhülse (Stirnfräser) auf den Schaft der Messingschraube gesetzt, »beißt« sich fest und die Schraube kann mittels der Linksdrehung herausgedreht werden.
- Eine andere Möglichkeit, eine abgebrochene korrodierte Messingschraube zu entfernen, ist der Einsatz eines sogenannten »Linksdrehers«. Mit einem feinen Metallbohrer wird in den Schaft des verbliebenen Schraubenteiles vorgebohrt. Der »Linksdreher« kann nun angesetzt und (linksherum) in den Schraubenschaft gedreht werden, bis er »beißt« und den Schaft der beschädigten Schraube herausdreht.

Not macht erfinderisch: Hat man es mit korrodierten Eisenschrauben zu tun, kann ebenfalls der »Linksdreher« eingesetzt werden. Dies ist jedoch erheblich mühevoller als im Falle der Messingschrauben, da das Material wesentlich härter und dementsprechend schwerer zu bearbeiten ist als Messing.

Eine Alternative bieten spezielle japanische Zangen, die äußerst hilfreich sein können, die zum Teil sehr hartnäckig festsitzenden Schrauben (beispielsweise aus dem Steven) zu entfernen.

Die meisten Schrauben lassen sich mithilfe einer solchen Spezialzange wie beim Zahnarzt »extrahieren«. Wie wird vorgegangen?

Die grünen Zangen sind die Spezialzangen, erhältlich u.a. bei www.feinewerkzeuge.de. Die gelben Schraubendreher sind die *Wera* Kraftform Plus (»unverwüstlich«).

- Als nützlich erwiesen hat es sich, zunächst mit einem ausreichend großen Schraubendreher anzusetzen und zwei, drei beherzte Schläge mit dem Hammer über den Schraubendreher auf die Schraube zu schlagen. Besonders gut eignen sich hierfür die Schraubendreher *Wera* Kraftform Plus, die auch harte Schläge vertragen.
- Mit einem etwas feineren Schraubendreher kann nun versucht werden, den beschädigten Schlitz der Schraube nachzumeißeln. Gelingt dies, lässt sich die Schraube nicht selten sogar direkt herausdrehen. Hierbei hat es sich bewährt, zunächst eine knappe Vierteldrehung in die »falsche« Richtung zu drehen, also die Schraube nochmals festzudrehen und erst dann loszuschrauben.
- Sitzt die Schraube noch tief in der Planke, muss unter Umständen das Pfropfenloch so weit vergrößert werden, dass man mit einer der Zangen den Schraubenkopf fassen kann.
- Hat man mit der Zange die Schraube fest gepackt, kann man, statt direkt am Zangengriff zu drehen, am Zangenmaul einen Schraubendreher als Hebel zum Drehen nutzen. Auf diese Weise verdrehen sich die Zangenbacken nur minimal und die Haltekraft am Schraubenkopf bleibt nahezu unverändert. Auch ist dieser Ansatz schonender für Hand und Handgelenk, denn die Kräfte, die man aufbringen muss, sind nicht unerheblich.

5. EINLAGERUNG UND INSPEKTION – FOR BEGINNERS

Abgestützter Bug eines Schärenkreuzers

5.1 WINTERLAGER

5.1.1 WINTERLAGERUNG

Während Jollen und kleinere Yachten im Winter auf einem mit Pallhölzern abgestützten Trailer lagern können, werden größere Yachten in der Regel auf Lager-Systemböcken bzw. Gestellen aus Stahl eingelagert. Beim Absetzen der Yacht durch den Kran muss das Hauptgewicht in jedem Fall auf dem Kiel liegen, die seitlichen Stützen werden erst anschließend festgezogen und dürfen nur geringen Druck auf die seitliche Beplankung ausüben. Längere Überhänge werden unter Bug und Heck abgestützt.

Vor dem Abdecken mit einer Plane wird das Boot gründlich gewaschen, um Seewasser und Schmutz zu entfernen. Pocken- und Algenbesatz kann mithilfe eines Hochdruckreinigers beseitigt werden. Hier ist jedoch besondere Vorsicht geboten, da bei zu viel Druck und zu geringem Abstand Holzfasern herausgerissen werden können. Durch eine gute Abdeckung wird das Boot im Außenlager im Winter vor Feuchtigkeit und Nässe geschützt. Auf keinen Fall darf diese aber so dicht sein, dass sie eine gute Belüftung verhindert. Die Luft soll zirkulieren, um Schimmel und Fäulnis vorzubeugen.

In der Halle wird das Boot durch eine Plane lediglich vor Staub geschützt. Nicht geeignet für die Einlagerung klassischer Yachten sind beheizte Hallen, da hier die Gefahr einer Austrocknung des Rumpfes droht. Schrumpfen die Planken durch Auftrocknung im Winter zu sehr zusammen, kann dies bei der Einwasserung im Frühjahr zu starken Leckagen führen (*vgl. Kap. Umgang mit Leckagen, S. 150 f.*).

Rigg

Mast und Spieren werden mit Wasser abgespült. Der Mast wird daraufhin geprüft, ob die Leimnähte geschlossen sind. Sind Scheuerstellen oder gar schon Feuchtigkeit unter dem Lack zu erkennen?

Ist Fäulnis unter den Mastbeschlägen festzustellen oder fangen diese an zu »rutschen«? Sämtliche Mastbeschläge wie Wantenhänger, Vorstagbeschläge, Lümmelbeschlag und ihre Verschraubungen sind genauer zu untersuchen. Eine entsprechende Prüfung wird ebenfalls an den Spieren und Salingen, insbesondere in den Hirnholzbereichen, durchgeführt. Blöcke und Lager am Mast werden gefettet, die Winschen gereinigt und anschließend gefettet. Die elektrischen Leitungen am Mast werden kontrolliert und die Anschlüsse mit Kontaktspray behandelt.

Bei der Lagerung des Mastes ist darauf zu achten, dass der Mast gerade liegt, da er sich sonst im Laufe des Winters verziehen kann. Er liegt gut belüftet. Auf keinen Fall wird er mit luftundurchlässiger Folie dicht eingepackt! Andernfalls kann es im Frühjahr zu unangenehmen Überraschungen wie Feuchtigkeitsschäden und Blasenbildungen in der Lackbeschichtung kommen.

Die Wanten werden überprüft: Gibt es Knick- oder Bruchstellen in den Kardeelen, ist Korrosion an der Pressung der Walzterminals festzustellen? Sind Toggles und Spanner in Ordnung? Bei der Prüfung der Fallen und Backstagen wird ebenfalls auf Knick-, Bruch- und Schamfilstellen geprüft.

Tauwerk

Alles laufende Gut wie Schoten, Fallen, Taljen und Festmacher wird, da es Feuchtigkeit hält, von Bord genommen und trocken gelagert. Bei Bedarf kann es in der Waschmaschine im Schonwaschgang und niedrigen Temperaturen gewaschen werden. Die Segel werden vor dem Einlagern überprüft: Sind Lieken, Nähte und Kauschen intakt, gibt es Schamfilstellen, sitzen alle Rutscher und Stagreiter fest? Ist dies nicht der Fall, können die Segel direkt zum Segelmacher gebracht werden – ansonsten werden sie luftig und trocken gelagert, denn auch bei Dacron-Segeln können durch Feuchtigkeit Schimmel- und Spakflecken entstehen.

Rollreffanlage

Die Trommel wird mit Frischwasser gespült, um Salzablagerungen zu entfernen und Schwergängigkeit vorzubeugen.

Anker und Kette

Ist die Kette in einem Kabelgatt gelagert, ist es sinnvoll, die Kette herauszunehmen, um das Kabelgatt zu trocknen, zu belüften und zu inspizieren. Bei dieser Gelegenheit können auch die Metermarken der Kette erneuert und der Augbolzen zur Befestigung der Kette geprüft werden.

Propeller

Festpropeller müssen nicht demontiert werden, Faltpropeller werden demontiert und in den Lagern gereinigt. Polieren auf Hochglanz kann vorzeitigen Pockenbesatz verhindern.

Opferanoden

Die Anoden sollten in jedem Winterlager erneuert werden, um Korrosion vorzubeugen.

Schiffsinneres

Die Luken des Bootes werden geöffnet, unter Deck einzelne Bodenbretter hochgenommen und die Schapps belüftet.

Eine Möglichkeit, durch konstante Luftfeuchtigkeit im Schiffsinneren das Auftrocknen des Rumpfes von innen zu verhindern, ohne zugleich Schimmelbildung zu begünstigen, ist das Spannen einer Wäscheleine mit feuchten Tüchern.

Säurebatterien werden ausgebaut, bis zum Frühjahr regelmäßig kontrolliert und gegebenenfalls aufgeladen. Bleiben sie im Boot, müssen sie vor Frost geschützt werden.

Auch der Motor wird winterfest gemacht: Es wird Öl gewechselt und der Filter ausgetauscht, das Seewasser aus dem Kühlsystem vollständig entfernt und durch Süßwasser mit Frostschutz ersetzt. Bei Zweikreiskühlsystemen wird das Kühlmittel des inneren Kühlkreislaufes kontrolliert.

Seeventile

Die Seeventile werden auf Funktionalität geprüft, wobei Schiebeventile (mit Handrad) besonders sorgfältig kontrolliert werden sollten. Da die alten Schiebeventile dazu neigen, festzukorrodieren, ist es sicherer, sie durch Kugelventile aus Sondermessing, rostfreiem Stahl oder Bronze zu ersetzen (*vgl. Kap. 1.3, Korrosion an hölzernen Yachten, S. 14 ff*). Gleiches gilt für die Borddurchbrüche, ist doch schon manches Schiff im Hafen wegen defekter Seeventile auf Grund gegangen.

Schlauchleitungen und Schellen sollten ebenfalls sorgfältig kontrolliert und gegebenenfalls erneuert werden. Auf jede Leitung unterhalb der Wasserlinie gehören zwei Schlauchschellen!

Pumpen

Die Lenzpumpen, sowohl Membranpumpen als auch elektrische Pumpen, sollten spätestens im Frühjahr kontrolliert werden. Bei Membranpumpen wird der Zustand der Membran geprüft. Ist sie rissig, muss sie ausgewechselt werden. Bei elektrischen Bilgepumpen wird der Saugkorb gereinigt, die Kabel und Kontakte werden auf Korrosion überprüft.

Frischwassertank

Das Restwasser im Tank wird durch einen Zusatz (z. B. Silber-Ionen) entkeimt und anschließend abgelassen.

Kraftstofftank

Sofern die Hallenordnung nichts anderes vorschreibt, wird der Dieseltank randvoll gefüllt, um Korrosion durch Kondenswasser zu vermeiden.

Toilette

Die Toilette wird mit Frischwasser und Frostschutz durchgespült.

Bilge

Der Leckstopfen der Bilge wird herausgedreht, die Bilge durchgespült, gereinigt und getrocknet, damit später bei der ausführlichen Inspektion Problembereiche gut zu erkennen sind.

5.1.2 AUSFÜHRLICHE INSPEKTION

Ist das Schiff winterfest gemacht, kann die jährliche Inspektion durchgeführt werden. Zu der Liste der Schäden, die während der Saison beobachtet und notiert wurden, kommen nun weitere Arbeitspunkte hinzu. Spätestens jetzt zeichnet sich der Umfang der Arbeiten, die im Winter und Frühjahr zu leisten sind, ab.

Auf der Grundlage der Methoden der Befundung *(vgl. Kap. 1.1 Befundung, S. 8 ff)* sowie der Schadenbilder folgt ein Überblick über die bei der jährlichen Winter-Inspektion zu überprüfenden Bereiche des Bootes.

Unterwasserschiff

Ballast und Kielbalken

Die Kontrolle beginnt beim Ballast. Glücklich der, der einen Bleikiel hat. Er muss sich nicht mit immer wieder auftretenden Roststellen befassen *(vgl. Kap. 2.1, Kiele, Steven und ihre Verbindungen, S. 26 ff)*.

- Tritt an der Naht zwischen Ballast und Kielbalken Wasser aus?
- Wie ist der Zustand der Verbindungen und Laschen zwischen Kielbalken und Vor- bzw. Achtersteven?
- Ist die Stevenlasche (Übergang zwischen Kielbalken und Vorsteven) fest und dicht? Ist sie offen, müssen die dortigen drei Bolzen geprüft werden.
- Sind Verschiebungen am Totholz festzustellen? Dies kann auf eine mangelhafte Verbindung von Rumpf und Ballast hinweisen (Kielbolzen).

Beplankung

- Die Beplankung wird auf Risse oder Fäulnis im Holz geprüft.
- Sind die Nähte zwischen den Planken geschlossen?
- Sitzen die Planken fest in der Sponung oder treten sie aus? Mit einem Holz- oder Gummihammer werden die Verbindungen von Enden und Unterkanten der Planken zu Kiel und Steven geprüft, sie dürfen nicht lose sein.
- Zeichnen sich Plankenstöße ab, die auf eine Leckage hinweisen?
- Sind lose Pfropfen der Vernietungen bzw. Verschraubungen festzustellen?
- Ist die Beplankung ausreichend durch Primer geschützt?

Ruder

- Der Ruderkoker und die Beschläge werden auf festen Sitz, Spiel und Korrosion geprüft.
- Weist das Ruderblatt Risse oder offene Leimnähte auf?

Überwasserschiff

- Zeichnen sich Nähte zwischen den Planken ab?
- Haben sich die Plankennähte im Laufe der Saison geöffnet und sind Rissbildungen in der Lackierung der Beplankung zu erkennen?
- Sind Schäden im Lack selbst wie Risse, Blasen oder Ablösungen vorhanden?
- Sind Scheuerstellen oder mechanische Beschädigungen an der Lackbeschichtung der Außenhaut erkennbar?
- Weisen austretende Pfropfen auf Korrosion der Vernietung oder Verschraubung hin?

Deck

Ein Teakdeck ist in den meisten Fällen mit dauerelastischem Fugenmaterial (z. B. Sikaflex) verfugt (*vgl. Kap. 2.4, Decks auf klassischen Yachten, S. 79 ff*). Durch Sonneneinstrahlung wird dieses Material strapaziert, es kann zu Verspröden und Flankenablösungen kommen.

- Neben den Fugen werden alle Pfropfen überprüft. Sind sie fest und trocken?
- Ist ein Pfropfen um das Pfropfenloch herum schwarz oder kommt gar hoch, so ist davon auszugehen, dass die Verschraubung darunter korrodiert ist.
- Sind Lackschäden an Leibhölzern, Schandeck und Mittelfisch sichtbar?
- Ist das Setzbord im Bereich der Genuaschienen lose?
- Gibt es Ablösungen des Setzbordes vom Schandeck?

Beschläge

Weitere Prüfungen an Deck:

- Alle Beschläge wie Klampen, Umlenkblöcke und Umlenkrollen sind zu kontrollieren.
- Bei Relingstützen löst sich die Verschraubung der Relingfüße oftmals durch Hebelkräfte, sodass Wasser an den Verschraubungen eindringen. Das Holz kann durchfeuchtet werden, was langfristig zu Verfärbungen und Fäulnis führt.
- Aus dem gleichen Grund sind auch die restlichen Verschraubungen an den Decksbeschlägen zu überprüfen.

Winschen

Wichtig ist ebenfalls die Wartung der Schot- und Fallwinschen.

- Die Winschen müssen auf festen Sitz geprüft werden.
- Sie werden auseinandergenommen, kontrolliert, gereinigt und anschließend mit speziellem Winschenfett gefettet. Auf keinen Fall darf hier Fett aus dem Baumarktregal verwendet werden, da dies zum Verharzen neigt und die Winschen schwergängig laufen lässt!

Kajütaufbau/Cockpit

Traditionell sind Kajütdächer mit Leinen bespannt, immer häufiger jedoch werden sie mit GFK beschichtet und weiß lackiert (*vgl. Kap. 2.5, Aufbauten, S. 90 ff*).

- Zeigt das Leinen durch Alterung oder mechanische Beschädigungen Rissbildung? Durch die Risse kann leicht Wasser zwischen Leinen und Kajütdach eindringen und zu Fäulnis an der Beplankung des Kajütdaches führen.
- Neben dem Kajütdach ist auch die Lackierung der übrigen Aufbauten, insbesondere der Aufbauseiten im Bereich der Fenster und vorn an den Ecken, an den Rahmenverbindungen der Kajütseiten und an der Stirnwand, zu kontrollieren. Hier können durch das Arbeiten des Holzes Risse entstehen oder sich Leimnähte öffnen. Undichte Aufbau-Decks-Verbindungen sind häufige Ursachen von Leckagen (*vgl. Kap. 2.5, Aufbauten, S.90 ff*).
- Im Cockpit (Plicht) wird die Lackierung auf Schäden wie Risse, Blasenbildung, Scheuerstellen oder Unterwanderung durch Feuchtigkeit untersucht.
- Die Backskisten werden so weit wie möglich

ausgeräumt und anschließend auf Feuchtigkeit und Fäulnis untersucht.
- Sind die Dichtungen und Scharniere der Backskistendeckel in Ordnung?
- Sind die Verschlüsse der Backskisten sicher? – Nur so kann das Eindringen von Seewasser verhindert werden.
- Sind die Backskisten leergeräumt, ist ebenfalls die Rumpfinnenseite besser für eine Untersuchung zugänglich.

Unter Deck

Die Bodenbretter sind aufgenommen, alles ist sauber und trocken.

- Nun werden die Verbände geprüft, Spanten, Bodenwrangen, Stringer und Weger, die den Verband der Bauteile untereinander gewährleisten. Schlägt man mit einem kleinen Holz- oder Kunststoffhammer vorsichtig seitlich gegen die Spanten, lässt sich prüfen, ob die Bauteile lose oder gebrochen sind.
- Jedes Querschott sollte, insbesondere in den unteren Bereichen, auf Fäulnis geprüft werden.
- Zudem wird kontrolliert, ob die Nüstergatten (Durchlässe) in den Bodenwrangen durchgängig sind, da sich diese leicht zusetzen und Wassernester entstehen können.
- Anschließend wird geprüft, ob im Bilgebereich Fäulnis vorhanden ist. Besonders gefährdet sind Spantfüße, Bodenwrangen und Mastfuß mit Kielschwein im Bereich der Kielbolzen.
- Ist die Konservierung des Bilgebereiches (Farbe oder Öl) noch ausreichend?
- Es folgt die Kontrolle der Eisenteile des Rumpfes (falls vorhanden): Kreuzbänder, Diagonalbänder und Püttinge, die an der Außenhaut oder im Mastbereich befestigt sind. Hier entsteht häufig Kondensation an den kalten Metallteilen, die Feuchtigkeit wird an das Holz weitergegeben und führt zu Fäulnis (*vgl. Kap. 1.3, Korrosion am hölzernen Yachten, S. 14 ff*) Das sind alles sensible Punkte, die sorgfältig kontrolliert werden müssen.
- Weist der sichtbare Teil der Kielbolzen starke Merkmale von Korrosion auf? Tritt dies in Verbindung mit Auffälligkeiten an der Kielbalken-Totholz-Ballast-Verbindung auf, muss über ein Ziehen der Kielbolzen nachgedacht werden (*vgl. Kap. 2.1, Kiel, Steven und ihre Verbindungen, S. 26 ff*).

Elektrik und Elektronik

- Grundsätzlich werden Leitungen und Kontakte auf Korrosion und Brüche geprüft und gegebenenfalls mit Kontaktspray konserviert.

Nach der Inspektion zu Beginn des Winterlagers kann die Mängelliste, die während der Saison entstanden ist, ergänzt und eine Übersicht über die Arbeiten erstellt werden, die in den folgenden Wochen und Monaten zu leisten sind. Nun kann die eigentliche Planung für den Winter und das Frühjahr beginnen.

5.2 WARTUNG UND PFLEGE IM SOMMER NASSE SCHOTEN CONTRA SOMMERSONNE

Sommerzeit – Pflegezeit

Trotz intensiver Winterarbeiten bedarf eine klassische Yacht auch während der Sommersaison umsichtiger Pflege und Wartung. Dies gilt sowohl für die Liegezeit am heimatlichen Steg, als auch für die Zeit während des Einsatzes auf See.

Belüftung

Liegt das Boot über längere Zeit unbenutzt am Steg, ist für eine ausreichende Luftzirkulation im Innenraum zu sorgen, um Fäulnisbefall (Schimmel) durch zu hohe Luftfeuchtigkeit zu verhindern. Auf größeren Yachten sollen Doradelüfter für Durchzug sorgen. Oftmals sind diese jedoch so platziert, dass sie in den Überhängen vorn und achtern nicht wirksam arbeiten können.

Um die Bilge zu belüften, sollten auch einige Bodenbretter aufgestellt werden, ebenso Schranktüren und Klappen unter den Kojen. Es ist ein baulicher Vorteil, wenn Schapps, Wegerungen, Verblendungen und Kojenrahmen mit Lüftungsöffnungen versehen und somit ausreichend hinterlüftet sind.

Um die Luftfeuchtigkeit im Schiff möglichst niedrig zu halten, sollte darauf geachtet werden, dass so wenig Wasser wie möglich im Schiffsrumpf bleibt. Das heißt, dass die Bilge regelmäßig gelenzt und gegebenenfalls sogar trockengewischt wird – beispielsweise bei Folkebooten auf den Landungen der Klinkerbeplankung, in den Backskisten und unter den Kojen. Stetig stehendes Wasser »unterkriecht« im Laufe der Zeit jede Art von Konservierung und richtet Schaden am Holz an. Keinesfalls dürfen nasse Leinen, Feudel oder nasses Ölzeug in den Backskisten gelassen werden.

Speigatten in den Bodenwrangen sollten auf Durchgängigkeit kontrolliert werden. An unzugänglichen Stellen wird eine Kette durch die Speigatten der Bodenwrangen gelegt, die durch regelmäßiges Bewegen der Kette gereinigt werden, sodass das Wasser abfließen kann. Es sollte selbstverständlich sein, die Bilge sauber zu halten. Der übliche »Bilgekäse«, meist ein Gemisch aus Sand, Körperhaaren, Brotkrümeln und Nudeln, hält die Feuchtigkeit hervorragend und dringt zwischen Spalten von Verbindungen wie z. B. Planke-Spant, Planke-Sponung oder unter die Bodenwrangen.

Sonnenschutz und Lackpflege

Eine Schwierigkeit besteht oft darin, die Klarlackierungen, insbesondere auf waagerechten Flächen (z. B. Schandeck, Schiebeluk), unbeschadet über die Saison zu bringen. Leichte Rissbildungen, sogenannte Krakelierungen (Craquelé), zeigen sich zum Teil schon zur Mitte der Saison auf den Lackoberflächen (*vgl. Kap. 3.2.3, Yachtlackierungen, S. 124 ff*). Ein Sonnenschutz aus leichtem Persenningstoff kann die Lebensdauer der Lackierung enorm verlängern. Immer öfter ist zu beobachten, dass Eigner auf diese Weise die naturlackierte Außenhaut ihres Bootes schützen. Optimal wäre es, das Boot vollständig mit einer Persenning zu bedecken, was allerdings bei größeren bzw. häufig genutzten Booten nicht immer praktikabel ist.

Hier sollte jedoch – wie immer – auf eine ausreichende Luftzirkulation geachtet werden. Bekannte Schönheiten wie ENDEAVOUR oder VELSHEDA segeln in der Karibik sogar mit ihren covers auf Luken und Niedergängen. Nur zum Lackieren oder zu großen Regatten wie der Antigua Classic Week werden die Abdeckungen abgenommen. An diesen Schiffen werden ganzjährig umlaufend Lackierarbeiten vorgenommen.

Neben der Sonneneinstrahlung setzt auch das Salz des Seewassers der Lackierung zu. Aufgetrocknete Salzkristalle können im Sonnenlicht wie unzählige kleine Brenngläser wirken und zusätzlich den UV-Schutz des Lackes zerstören. Aus diesem Grunde sollte man es sich zur Regel machen, die Lackoberflächen nach jedem Einsatz im Seewasser mit Süßwasser abzuspülen bzw. zu -wischen.

Die Lackierungen sollten auch während des aktiven Segelns, etwa auf dem Urlaubstörn oder an den Wochenenden, kontrolliert werden. Weist die Lackoberfläche Risse, Scheuerstellen oder graue Stellen auf, die auf Feuchtigkeitsunterwanderungen hindeuten, sollten diese unverzüglich behandelt werden. Es ist deshalb unerlässlich, Pinsel in verschiedenen Größen sowie ein kleines Gebinde Lack oder Öl an Bord zu haben. Die entsprechenden Stellen in der Lackierung werden je nach Abnutzung oder Beschädigung angeschliffen und zwei- bis dreimal »angetupft«. Die so angewandte »Erste Hilfe« kann ein Vielfaches an Arbeit im Winter ersparen.

»Ganzkörperpersenninge« zum Schutz vor der Sommersonne

Umgang mit Leckagen

Anders als man vermuten würde, sind Leckstellen »von oben«, also durch Deck und Aufbauten, für eine Yacht schädlicher als Leckagen »von unten«, sofern Letztere kein Sicherheitsrisiko darstellen. Regenwasser, das stetig durch Deck-Aufbau-Verbindungen, Fenster oder undichte Decksnähte ins Bootsinnere dringt, führt eher zu Fäulnis als von unten eindringendes Salzwasser im Bilgebereich, dem eine konservierende, pilzhemmende Wirkung nachgesagt wird. Wie eingangs erwähnt ist es jedoch anzustreben, das Schiff insgesamt möglichst trocken zu halten.

Auch in unseren geographischen Breiten können lange Trockenperioden mit starker Sonneneinstrahlung auftreten, die den Holzverbindungen an klassischen Yachten zusetzen, indem das Holz austrocknet und schwindet. Folgt nach solchen Trockenzeiten der erste Regenguss oder das Schiff wird im Segelbetrieb hart beansprucht, steigt die Wahrscheinlichkeit von Leckagen. Auch hier kann eine schützende Persenning Schlimmstes verhindern. Zusätzlich sollten Deck und Aufbauten regelmäßig gewässert werden, um ein zu starkes Austrocknen des Holzes zu vermeiden.

Besonders anfällig für Leckagen ist die Verbindung zwischen Aufbau und Deck (*vgl. Kap. 2.5, Aufbauten, S. 90 ff*), die durch die in der See auftretenden Torsionskräfte zusätzlich stark belastet ist.

Tipp

Um diese Verbindung nicht gänzlich auftrocknen zu lassen, kann es hilfreich sein, eine dicke, nasse Schot auf die Naht um den Aufbau herum zu legen. Die Naht bleibt feucht und sonnengeschützt.

Weitere Leckstellen können die Püttingeisen sein, die als Flachmaterial, häufig noch original aus verzinktem Eisen oder rostfreiem Stahl, durch das Deck geführt sind. Die Püttingeisen arbeiten in Folge der Wantenbelastung, sodass unter Umständen die Abdichtungen versagen. Leckende Püttingeisen, die als Flachmaterial mit dem Balkweger verbunden sind, stellen für den Balkweger eine besondere Gefahr dar. Schon mancher Balkweger musste aus diesem Grunde im Bereich der Püttinge erneuert werden. Für eine provisorische und für die Saison ausreichende Abdichtung eignet sich hier das Karosseriedichtband von *Terostat* sehr gut, da es auch auf rostfreiem Stahl haftet.

Achtung! Sollte man sich doch für dauerelastisches Dichtungsmaterial für die Behebung kleiner Leckagen entscheiden, ist darauf zu achten, kein silikonhaltiges Produkt zu verwenden! Silikon gehört allenfalls ins heimische Badezimmer, niemals auf eine klassische Yacht. Die sogenannte »Silikonpest« gefährdet zukünftige Lackierungen (*vgl. Kap. Fugenreparaturen und Neuverfugung von Teakdecks, S. 87*)!

Leckende Decksnähte auf Teak- oder Oregon Pine-Decks sollten bereits während der Saison unverzüglich abgedichtet werden. Hier ist möglichst die gleiche Fugenmasse zu verwenden, mit der das übrige Deck vergossen ist. Weiterhin ist zu prüfen, ob die Decksnähte vor dem Vergießen zu kalfaten sind (*vgl. Kap. 2.4.1 Decksbeplankungen; Fugenreparaturen und Neuverfugung von Teakdecks, S. 85 ff*).

Rigg, laufendes Gut

Der Draht der Wanten und Stagen sollte regelmäßig auf gebrochene Kardeele untersucht werden, wobei rostfreier Draht eher zu Brüchen einzelner Kardeele neigt als verzinkter. Sogenannte »Fleischhaken« entstehen meist bei laufendem Gut aus Draht wie z. B. bei Drahtfallen. Bei stehendem Gut wie Wanten und Stagen sollten die Walzungen an den Enden der Terminals kontrolliert werden, da es hier zu Korrosion kommen kann. Generell sollte der Eigner das Rigg seiner klassischen Yacht in regelmäßigen Abständen von einem Fachmann dokumentiert durchsehen lassen. Splintbolzen und Splinte sind auf ordnungsgemäßen Zustand zu untersuchen – dies kann auch bei der Seereling lebensrettend sein! Laufendes Gut aus Tauwerk sollte auf Schamfielstellen untersucht und gegebenenfalls ausgetauscht werden.

INDEX UND GLOSSAR

Abeking & Rasmussen (A&R)
A&R ist eine der traditionsreichsten Schiffs- und Yachtwerften mit Sitz in Lemwerder bei Bremen im Bundesland Niedersachsen.
21, 37, 69, 99, 100, 103, 117

Abmallen
Abnehmen der Kontur einer Planke oder eines Spants. *48, 49, 55, 57, 61, 65*

Achterstag
Das Achterstag sichert einen hochgetakelten Mast gegen Belastung von achtern und wird vom Masttopp zum Heck geführt. *102, 103*

Achtersteven
Dient zur Aufnahme der Planken am Heck. In der → Sponung werden die Planken mit dem Achtersteven verschraubt. Meist ist das Ruder am A. befestigt. *26, 28, 29, 38, 48, 146*

Anode s. *Opferanode*
Um Schäden an metallischen Gegenständen (z. B. Rumpf oder Motor), die mit Wasser in Berührung kommen, vorzubeugen, werden sogenannte Opferanoden eingesetzt. Für Salzwassergebiete werden speziell Zinkanoden eingesetzt. Anoden aus Magnesium eignen sich für den Einsatz in Süß- und Brackwasser. *24, 25, 144*

Augbolzen / Augterminal
Bolzen mit einem runden Auge zur Aufnahme von Drähten oder → Wantenspannern. *144*

Ausspunden / Spund
Ausbessern von schadhaften Stellen an hölzernen Bauteilen durch Einsetzen eines Holzstückes gleicher Holzart und möglichst gleicher Maserung und Farbe bei naturlackierten Bauteilen.
77, 82, 85, 95, 105, 138, 139, 140

Backskiste
Sie dient in der → Plicht zum Verstauen von Gegenständen oder Ausrüstungsteilen.
99, 100, 147, 148, 149

Balkweger
Über die gesamte Länge des Rumpfes parallel zur Oberkante des Rumpfes auf den → Spanten befestigte, zu den Enden verjüngte Kanthölzer, welche beidseitg zur Aufnahme der → Decksbalken dienen. *12, 26, 79, 151*

Ballast
Fest verbautes oder zusätzlich verstautes Gewicht im Boot, um die Stabilität im nautischen Betrieb zu erhöhen. *8, 15, 18, 20, 23, 24, 26, 27, 29, 32, 33, 34, 35, 75, 78, 146, 148*

Ballastkiel / Innenballast
Außen unter dem → Kiel befestigter Ballast aus Eisen oder Blei. Beim Innenballast wird dieser im Inneren des Rumpfes unter den Bodenbrettern, z. B. in der → Bilge, gefahren. *32*

Bilge
Rumpfbereich unter den Bodenbrettern. *8, 19, 21, 25, 33, 43, 68, 76, 123, 124, 145, 148, 149, 150*

Bodenwrange
Bauteil, welches den → Ballastkiel mit dem → Kielbalken und den Planken mittels → Kielbolzen verbindet, um die dynamischen Belastungen Querkräfte auf den Rumpf zu übertragen.
9, 12, 13, 14, 16, 18, 19, 21, 22, 26, 27, 37, 38, 40, 43, 47, 50, 57, 61, 64, 75, 76, 77, 78, 115, 116, 148, 149

Bodenwrangenbolzen
Dienen zur Verbindung der → Bodenwrangen mit dem → Kielbalken neben den mittig angeordneten → Kielbolzen. *16, 18, 43, 75, 76, 78*

Cockpitschlinge / Kajütschlinge
Vom vorderen → Decksbalken des Aufbaus bis zum Cockpitdeckbalken verlaufende gestrakte Leiste zur Aufnahme der »halben Balken«.

Decksbalken
Winklig zur Mittschiffslinie angeordnete, konvex gewölbte Bauteile, welche an den Seiten von den → Balkwegern aufgenommen werden. Auf den Decksbalken wird der Decksbelag verlegt.
26, 64, 79, 80, 82, 83, 90, 116

Doradelüfter
Der Doradelüfter dient zur Belüftung des Innenraums von Booten. Er verhindert, dass mit der frischen Luft auch Wasser ins Schiff dringt. Er ist nach der 1930 gebauten Hochseeyacht DORADE benannt. *149*

Dreivierteltakelung / Dreiviertel-Rigg
Bei dieser Takelung wird im Gegensatz zur Topptakelung das Vorsegeldreieck nur bis auf ca. dreiviertel der Masthöhe geführt. *103*

Elektrolyt / Elektrolyse
Eine durch Seewasser als Elektrolyt elektrochemische Zersetzung bspw. von Metall. *14, 24, 25*

Epoxidharz
Ein flüssiges Kunstharz, das durch die Zugabe eines Härters aushärtet. Wird u. a. zum Verkleben von hölzernen Bauteilen verwendet.
35, 40, 41, 46, 50, 53, 54, 67, 68, 69, 71, 73, 77, 84, 93, 94, 97, 105, 109, 135, 136, 137, 138, 140

Fisch / Fischung gebuttet
Die mittlere Decksplanke in Längsschiffsrichtung eines → Stabdecks, in deren »grätenförmige« Einschnitte die gebogenen Decksplanken einmünden. *81, 82, 133*

Freibord
Der über der Schwimmwasserlinie befindliche Teil eines Bootes. *8, 42, 44, 121, 122, 125, 133*

Galvanische Isolatoren
Bei der galvanischen Trennung wird die elektrische Leitung zwischen zwei Stromkreisen unterbrochen oder zwei leitfähige Gegenstände voneinander entkoppelt. *14, 24*

Galvanische Spannungsreihe
Die Anordnung der chemischen Elemente, hier Metalle, nach zunehmendem elektrischem Potenzial, vor allem, wenn die Gefahr einer Elektrolyse besteht. *24*

Garage
Sie dient als sichere und dichte Aufnahme für das Schiebeluk, in die es beim Öffnen hineingeschoben wird. *101, 102*

Germanischer Lloyd (GL)
1867 in Hamburg gegründete Gesellschaft für die Klassifikation und Baubeaufsichtigung für Schiffe und Yachten. Er erlässt Vorschriften für Schiffsneubauten und -reparaturen und führt Schiffsinspektionen und Sicherheitskontrollen durch. *118*

Gillung
Am Achterschiff der Überhang von der Wasserlinie, dem Unterwasserschiff, zum stark ausladenden Heck. Auch der hohle Bereich bei S-Spantformen am Unterwasserschiff. *66, 70*

Göhl / Hohlkehle
Alte Bezeichnung einer → Hohlkehle oder nur eines Zierstreifens an der Bordwand einer Yacht. Auch als Ziergöhl bezeichnet.
104, 105, 106, 134, 135

Heckbalken / Auflanger
Der obere letzte Balken am Heck eines Boots, der quer über das ganze Schiff reicht. Er liegt in der Mitte auf dem → Achtersteven und trifft meist mit dem Ende auf den Heckspiegel. *29*

Hohlkehle / Göhl
Nut für die Segel im Mast oder Baum s. a. → Göhl. *104, 105, 106*

Jumpstag
Ein durch eine einfache Spreize geführtes Stag in der oberen Hälfte der Vorderseite des Mastes zur Versteifung des Mastes nach achtern. Auch doppelt ausgeführt durch die Jumpstagspreize. *103, 109*

Kabelgatt
Stauraum in der Vor- oder Achterpiek für Tauwerk. *144*

Kajütleibholz
→ Leibholz.

Kardeel
Einzelner Strang von geschlagenem Tauwerk.
144, 151
Kauritleim
Aus Harnstoff und Formaldehyd hergestellter Leim zum Verleimen von Sperrholz. *67*
Kausch
Öse aus Metall oder Kunststoff, eingespleißt in Tauwerk. *144*
Keep / Göhl
Rille, Hohlkehle im Mast oder Baum, in die das → Liek eines Segels eingeführt wird. → Göhl.
Ketsch
Anderthalbmaster, bei dem der vordere Mast der Großmast ist, der hintere, meist niedrigere Mast der Besanmast, kurz Besan, ist. Er steht im Gegensatz zur → Yawl vor dem Ruder bzw. innerhalb der Wasserlinie.
Kiel
Der vom Bug zum Heck verlaufende Teil des Schiffsrumpfes. Er ist an den Bootsenden mit dem → Vor- und → Achtersteven bzw. → Spiegel verbunden. *8, 15, 18, 26, 27, 29, 30, 32, 43, 47, 52, 53, 55, 57, 66, 74, 75, 76, 78, 115, 143, 146*
Kielbalken
Der Fachmann bezeichnet nur den hölzernen Mittelbalken einer Yacht als »Kiel« oder »Kielbalken«, der Laie die Gesamteinheit aus → Totholz und → Ballast. *8, 10, 11, 17, 18, 19, 26, 27, 28, 29, 38, 65, 75, 76, 78, 113, 115, 146, 148*
Kielbolzen
Sie stellen die feste Verbindung mit dem → Ballastkiel (Außenballast) und dem eigentlichen → Kiel her. *16, 18, 19, 21, 23, 27, 32, 33, 35, 75, 76, 146, 148*
Kiellegung
Der Baubeginn eines Schiffes. *26*
Kielplanke
Die erste Planke am → Kiel, mit der → Sponung des Kielbalkens verschraubt. *8, 14, 38, 43, 44, 51*
Kielschwein
Auf den → Bodenwrangen mittig liegender Längsträger, der zur Verstärkung vor allem im Bereich des → Mastfußes dient. *27, 148*
Klinkerbeplankt / Klinkerbauweise
Älteste Bauweise von Holzbooten, bei der die äußeren Planken dachziegelartig angeordnet sind. *24, 36, 56, 57, 58, 59, 60, 61, 120, 121, 149*
Knie
Verbindungselement von zwei Bauteilen, wie → Decksbalken mit → Balkweger (Horizontalknie) oder → Decksbalken mit → Spant (Vertikalknie) oder → Kielbalken mit → Achter- und → Vorsteven (Stevenknie). *16, 22, 28, 29, 79*
Kompositbau
Konstruktion unter Verwendung verschiedener Werkstoffe. *14, 19, 38, 76, 77*
Kopfbrett
Die Verstärkung des Kopfes des Großsegels aus Holz, Metall oder Kunststoff. *106*
KR-Yacht
Yachten, die nach der bis 1970 gebräuchlichen nationalen Vergütungsformel für Seekreuzer gebaut wurden. *18, 102*
Lamellieren
Etwas in der Form aus mehreren Schichten verleimen. *29, 71, 72, 75*
Laschblech, Laschbrett
Verbindungsstück von zwei in Längsrichtung aufeinanderstoßende Plankenenden.
Wird aus Metall oder Holz hergestellt und mit den Planken verschraubt oder vernietet.
12, 13, 16, 29, 30, 31, 38, 61, 64, 146
Leckstopfen
Konisch geformte Holzstopfen zur Abdichtung leckender → Seeventile. *145*
Leibholz
Umrahmung von Bauteilen wie Aufbauten oder Luken bei → Stabdecks.
81, 82, 90, 91, 92, 93, 111, 112, 113, 125, 133, 147

Liek
Die Kante eines Segels.
Unterliek, Vorliek, Achterliek.

Lignin
Neben der Zellulose wichtigster Bestandteil des Holzes. *73*

Lukenband
Aus Metall hergestellte Scharniere bspw. für → Skylights. *99, 100*

Lümmelbeschlag
Stellt die bewegliche Verbindung zwischen Großbaum und Mast her. *106, 144*

Lunker
Geschlossener Hohlraum. *20, 23*

Magnesiumanoden
→ Anode.

Marine Glue
Aus Holzteer hergestelltes Dichtungsmittel. Wird meist bei größeren Traditionsschiffen verwendet, z. B. als Decksverfugung. *82*

Mastfuß
Das untere Ende des Mastes. *10, 109, 148*

Meter-Klassen
Klassische Rennyachten, die nach der 1908 eingeführten Meter-Formel, einer Vermessungsformel, vergütungslos gegeneinander segeln konnten. *79*

Microfibres
Füll- & Zusatzstoff für die individuelle Herstellung eines jeweils benötigten → Epoxid-Gemisches, das speziell geeignet ist zum Lamellieren. *77*

Mittelfisch
→ Fisch.

Nüstergatt
Die Öffnung in einer einer → Bodenwrange in der → Bilge zum Wasserdurchfluss.

Opferanode
→ *Anode.*

Pallholz
Gestapeltes Holz zum Aufbocken eines Bootes. *143*

PBO-Wanten
Abkürzung von Poly(p-phenylen)-2,6-benzobisoxazol; aus einer synthetischen Faser hergestellte Wanten. *102*

Plicht
Umgangssprachlich auch Cockpit genannter und tiefer als das Deck liegender Teil eines Bootes mit Steuerstand und Sitzgelegenheit für die Crew. *147*

Polyesterharz
Polyesterharz ist ein ungesättigtes Polyester (UP-Harz) und wird im Bootsbau aus GFK oder zum Laminieren von von Kajütdächern auf klassischen Yachten verwendet. *97*

Polyurethane
Ein Kunststoff oder Kunstharz (PUR), entstehend aus der Polyadditionsreaktion von Dialkoholen bzw. Polyolen mit Polyisocyanaten, der u. a. für die Herstellung von Polyurethanlacken und Dichtungsmassen verwendet wird. *86, 87*

Propeller
Schiffsschraube. *14, 24, 25, 144*

Propellerwelle
Sie überträgt die Kraft vom Motor zum → Propeller. *24*

Pumpen
Lenzpumpe: Pumpe zum Leerpumpen (lenzen) bspw. der → Bilge (Bilgepumpe).
Membranpumpe: Eine spezielle Lenzpumpe, die schräg oder waagerecht arbeiten kann und unempfindlich gegen Fremdkörper ist. *43, 145*

Pütting
Ein Beschlag, an dem die Wanten befestigt sind. *15, 148, 151*

Querverbände
Bauteile – → Spanten, → Decksbalken, → Bodenwrangen –, die querschiffs eingebaut werden. *64*

Resorcinharzleim
Wasserfester Bootsleim. *46, 56, 67, 116*
Ruderkoker
Wasserdichte Durchführung für den Ruderschaft, der Drehachse des Ruders. Als Rohr mit Flansch ausgeführt. *146*
Saling
Seitlich am Mast befestigte Profilhölzer, welche die Wanten im 90°-Winkel nach außen abspreizen, um dem Rigg die erforderliche Quer-Steifigkeit zu verleihen. *103, 109, 116, 144*
Schandeck
Äußere Umrahmung eines Teakdecks, mit dem → Schergang verschraubt.
Schapp
Ein Spind, Schrank oder Schubfach an Bord. *145, 149*
Schergang
Oberste Planke, mit dem → Schandeck verschraubt. *108*
Scheibengatt
Stabiler Metallahmen, der zur Aufnahme von Holz- oder Metallscheiben mit Hohlkehle dient, welche als Umlenkrollen für Taue des laufenden Gutes eingesetzt werden.
Scheidenagel
Ein in die Naht einer Kiellasche getriebener Holznagel, der verhindert, dass Wasser durch die Naht ins Boot dringt. *30*
Schiebeventil
Ein spezielles → Seeventil mit Handrad. *145*
Schmiege
Ein beliebig schiefer Winkel, in dem sich ein Bauteil, bspw. → Spant, an ein anderes, bspw. einer Planke, »anschmiegt«. *50, 53, 61, 72, 74, 78*
Schmiegenbrett / Schmiegstock
Mit dem Schmiegstock wird eine → Schmiege abgenommen und auf ein Schmiegenbrett übertragen. *78*
Schwalbenschwanz
Die Verbindung → Decksbalken- → Balkweger, wird auch bei »gezinkten« Holzverbindungen eingesetzt. *79, 100*
Seeventile
Es schließt oder öffnet einen Ab- bzw. Zulauf und sitzt direkt auf dem Borddurchbruch an der Außenhaut eines Bootsrumpfes. *24, 25, 145*
Setzbord
Eine senkrecht gesetzte Planke am äußeren Rand des Seitendecks zur Verhinderung überkommenden Wassers. *39, 81, 112, 116, 147*
Silikon
Ein dauerelastischer Fugenfüller, für den Einsatz auf klassischen Yachten ungeeignet. *33, 35, 59, 87, 151*
Skylights
Ein Ober- oder Deckslicht genanntes klappbares »Dachfenster«. *95, 98, 99, 100, 101*
Spant
Rippenähnliches tragendes Bauteil zur Verstärkung des Rumpfes bei Booten. Elementares Bauteil für die Querfestigkeit eines Rumpfes. *9, 12, 14, 15, 16, 17, 19, 21, 22, 24, 26, 27, 28, 37, 38, 40, 42, 46, 47, 48, 50, 52, 53, 54, 55, 57, 58, 61, 62, 64-77, 79, 115, 116, 136, 137, 148, 149*
Spantfuß
Unteres Ende eines → Spantes. *12, 14, 67*
Speigatt
Öffnung in der Fußreling oder im Schanzkleid, um überkommendes Wasser außenbords abfließen zu lassen. *149*
Spiere
Bezeichnung für ein Rundholz, bspw. Vorstagspiere, Großbaum, Spinnakerbaum. *114, 117, 125, 144*
Spitzgatter
Seekreuzer mit Spitzgattheck, einem achtern spitz zulaufendem Heck mit angehängtem Ruder. *29, 48, 81*

Splint
Feiner Stift, der am Ende eines Bolzens gesteckt wird und das Herausrutschen verhindert.
47, 61, 62, 151

Splintbolzen
Bolzen mit feinem Kopf, welcher durch die Gabel eines Wantenspanners und die Bohrung des Püttingeisens gesteckt wird, um eine Verbindung herzustellen. *151*

Sponung
Bei hölzernen Booten ein Falz auf beiden Seiten bspw. des → Kielbalkens, des → Vor- oder → Achterstevens, in dem die Planken einlaufen und befestigt werden. *8, 14, 17, 27, 28, 30, 38, 44, 45, 47, 48, 50, 51, 53, 120, 146, 149*

Spund
Hölzernes Passstück zur Ausbesserung von Schadstellen. 82, 85, 94, 139, 140

Stabdeck
Eine aus Holz gefertigte spezielle Decksbeplankung. *81-84, 92, 112*

Stagreiter
Beschlag aus Metall oder Kunststoff am Vorliek eines Stagsegels zum Befestigen am Vorstag.
144

Steckschott
Herausnehmbare Trennwand zum Verschließen des Niedergangs. *102*

Steven
Der sowohl vordere, → Vorsteven, als auch der hintere, → Achtersteven, aufgesetzte Balken.
13, 17, 23, 26-31, 38, 43, 44, 47, 48, 50, 52, 53, 55, 57, 58, 61, 77, 113, 115, 116, 142, 146, 148

Strak
Der fehlerfreie, gleichmäßige, »dem Auge gefällige« Kurvenverlauf von Yachtlinien wie Decksstrak oder Plankenstrak.
29, 47, 49, 53, 72, 81, 90, 98, 111, 121

Streiflicht
Ein von der Seite auf eine Fläche einfallendes Licht, um Konturen durch Schattierung deutlich darzustellen. *99*

Stringer
Innere Versteifung eines Bootsrumpfel aus Holz oder Metall in Längsrichtung. Ein Stringer sitzt direkt auf der Außenhaut, ein Weger ist auf den Spanten befestigt. *55, 148*

Talje
Flaschenzug; Verbindung von Tauwerk und Blöcken zur Kraftersparnis. *144*

Toggles
Toggles, eine Metallverbindung, machen den Wantenspanner am → Pütting in zwei Richtungen beweglich. *144*

Totholz
Hölzerne Füllung bei einem Kielboot zwischen dem Kielbalken und dem → Ballast.
8, 26, 27, 32, 113, 146, 148

Vorsteven
→ Steven.

Wantenspanner
Ein Beschlag zwischen Want und → Pütting, um stehendes Gut zu spannen. *21*

Yawl
Bei einer Yawl steht der wesentlich kleinere Besanmast im Gegensatz zur→ Ketsch hinter dem Ruder. *102*

Ziergöhl
→ Göhl.

Bibliografische Information
der Deutschen Nationalbibliothek
Die Deutsche Nationalbibliothek verzeichnet diese Publikation in der Deutschen Nationalbibliografie; detaillierte bibliografische Daten sind im Internet über http://dnb.dnb.de abrufbar.

1. Auflage
ISBN 978-3-667-12372-5

Lektorat: Birgit Radebold / Michael Krieg
Fotos und Zeichnungen: Abeking und Rasmussen Archiv: 64 o., M., 79 o., 90 o., 103, 125 o.; Uwe Baykowski: Cover u.r., 10, 11 u., 12 M., u., 13, 15 o., M., 16, 17 M., u,. r., 18 o., M., 19, 20, 24 u., 26 o., M., 27 M., 30 u., 39, 40, 41, 42, 45, 46 o., 48 o., 51 u.r., 52, 56, 57 o., M., 58 u., 62 o., 65 M., 66 u.l., u.r., 67 o., 69 u.r., 70 o., M., 71 o., 72 o., M., 73 o., M., 75 u., 77 M., 78 o., 82, 86, 87, 88, 89 M., u., 91 M., r., 92, 93, 95 o., M., 97 u., 98, 100, 101, 104 u., 106 o., 110 o., 113, 114 M., u., 115, 119, 122, 123 u., 126 M., 127 o., 128 u., 130 M., 131 u., 132, 134, 135, 136, 138, 139 u., 141 M., u., 143, 150; Jan Brügge Bootsbau GmbH: 55 u.; Oliver Brügmann: 85; DBSV Service GmbH/Jürgen Börms: 26 u., 27 u., 30 o., 36, 37 l., 38, 46 u., 49, 57 u., 58 o., 64 u., 65 o., 74 u., 90 M., 104 M.; Janssen & Renkhoff: 55 o.; Nico Krauss: Cover o., u., Coverrückseite, 4, 7, 8, 9, 11 o., M., 12 o., 17 o,. 23, 35, 37 r., 44, 48 u., 51 o.l., u.l., 54, 62 M., u., 63, 65 o., 66 o., 69 M.l., u.l., 73 u., 74 o., 75 o., 76 o., 77 o., u., 81 o., 83 o., 89 o., 91 o,. u.l., 104 o., 106 M., 107 u.l., 108 u., 110 u., 117, 120 o., 123 o., 125 u., 126 o., u., 127 u., 129, 130 o., u., 131 o., 139 M., 152/153; Jens Niehus: 27 o., 81 u., 84 u.; Jens Pottharst: 141 o., 142; Robbe & Berking Werft: 28 o.l., 31 o., 50 o., M., 51 M.l., M.r., 76 u., 120 u.; Norbert Stuntz: 14, 15 u., 28 u.l., r., 29, 32, 34, 47, 50 u., 51 o.r., 67 u., 70 u., 71 u., 72 u., 74 M., 75 M., 78 M., 79 u., 80, 81 M., 83 M., u., 84 o., 90 u., 95 u., 106 u., 107 o.l., o.r., M.l., M.r., u.r., 114 o., 139 o.; Bernd Winterfeldt: 31 u., 69 o.l., 78 u., 96, 97 o., M., 108 o., 124, 128 o., 140; WPT Nord: 18 u.; Constantin Zeif: 60; https://www.far.bo.it/de/galvanische-korrosion.html: 24 o.

Einbandgestaltung und Layout: Felix Kempf, www.fx68.de
Lithografie: Mohn Media, Gütersloh
Druck: L.E.G.O. – Legatoria Editoriale
Giovanni Olivotto, Vicenza
Printed in Italy 2023

Delius Klasing Verlag GmbH
Siekerwall 21, D-33602 Bielefeld
Tel.: 0521/559-0, Fax: 0521/559-115
E-Mail: info@delius-klasing.de
www.delius-klasing.de

Dass klassische Yachten keineswegs der Vergangenheit angehören, sondern heute mehr denn je mit Begeisterung bewahrt werden, durften wir bereits bei der Entstehung dieses Buches erleben. Für rat- und tatkräftige Unterstützung dieses Buchprojektes möchten wir uns herzlich bedanken bei:
Archiv Abeking & Rasmussen, Gerd Augustin, Antje Bessau, Jens Bessey, Michael de Boer, Jan Brügge, Oliver Brügmann, John Lammerts van Bueren, DBSV Service GmbH, Jürgen Börms, Yacht- und Bootswerft Helmut Dick, Matthias Diemer, Farben-Fischer, Armin Hellwig, Yachtbau Janssen & Renkhoff GmbH, Lasse Johannsen, Kieler Yacht-Club Werft, Peter Kohlhoff, Nico Krauss, Paul Kröber, Helge von der Linden, Frank und Karl-Heinz Meier, Günther Meyer, Jens Niehus, Manfred Otto, Noah Piotraschke, Jens Pottharst, Robbe & Berking Werft, SP Systems Composit, Yacht- und Bootswerft Stapelfeldt, Ina und Ingo Steinhusen, Dr. Norbert Stuntz, Bernd Winterfeldt, WPT Nord – Frank Winkelmann, André Witt, Constantin Zeif

Uwe Baykowski: Mein ganz besonderer Dank gilt Anna-Marie Frick, ohne die das Buchprojekt nicht begonnen worden wäre, und die mich immer wieder motiviert hat, nicht aufzugeben.
DANKE!